계산력은 수학적 사고력을 기르기 위한 기초 과정이며,
스마트 시대에 정보처리능력을 기르기 위한 필수 요소입니다.

사칙 계산(+, −, ×, ÷)을 나타내는 기호와 여러 가지 수(자연수, 분수, 소수 등) 사이의 관계를 이해하여 빠르고 정확하게 답을 찾아내는 과정을 통해 아이들은 수학적 개념이 발달하기 시작하고 수학에 흥미를 느끼게 됩니다.

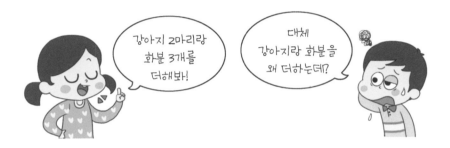

위에서 보여준 것과 같이 단순한 더하기라 할지라도 아무거나 더하는 것이 아니라 더하는 의미가 있는 것은, 동질성을 가진 것끼리, 단위가 같은 것끼리여야 하는 등의 논리적이고 합리적인 상황이 기본이 됩니다.

사칙 계산이 처음엔 자연수끼리의 계산으로 시작하기 때문에 큰 어려움이 없지만 수의 개념이 확장되어 분수, 소수까지 다루게 되면, 더하기를 하기 위해 표현 방법을 모두 분수로, 또는 모두 소수로 바꾸는 등, 자기도 모르게 수학적 사고의 과정을 밟아가며 계산을 하게 됩니다. 이런 단계의 계산들은 하위 단계인 자연수의 사칙 계산이 기초가 되지 않고서는 쉽지 않습니다.

계산력을 기르는 것이 이렇게 중요한데도 계산력을 기르는 방법에는 지름길이 없습니다.

> ❶ 매일 꾸준히
> ❷ 표준완성시간 내에
> ❸ 정확하게 푸는 것

을 연습하는 것만이 정답입니다.

집을 짓거나, 그림을 그리거나, 운동경기를 하거나, 그 밖의 어떤 일을 하더라도 좋은 결과를 위해서는 기초를 닦는 것이 중요합니다.

앞에서도 말했듯이 수학적 사고력에 있어서 가장 기초가 되는 것은 계산력입니다. 또한 계산력은 사물인터넷과 빅데이터가 활용되는 스마트 시대에 가장 필요한, 정보처리능력을 향상시킬 수 있는 기본 요소입니다. 매일 꾸준히, 표준완성시간 내에, 정확하게 푸는 것을 연습하여 기초가 탄탄한 미래의 소중한 주인공들로 성장하기를 바랍니다.

이 책의 특징과 구성

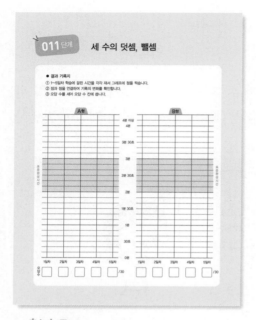

:: 학습관리 | – 결과 기록지

매일 학습하는 데 걸린 시간을 표시하고 표준완성시간 내에 학습 완료를 하였는지, 틀린 문항 수는 몇 개인지, 또 아이의 기록에 어떤 변화가 있는지 확인할 수 있습니다.

:: 계산 원리 | 짚어보기 – 계산력을 기르는 힘

계산력도 원리를 익히고 연습하면 더 정확하고 빠르게 풀 수 있습니다. 제시된 원리를 이해하고 계산 방법을 익히면, 본 교재 학습을 쉽게 할 수 있는 힘이 됩니다.

:: 본 학습

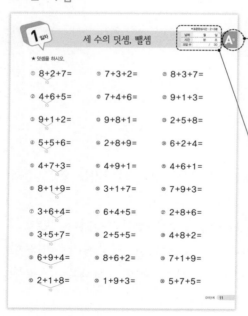

A형, B형 각각의 똑같은 형식의 문제를 5일 동안 반복학습을 하면서 계산력을 향상시킬 수 있습니다.

그날그날 학습한 날짜, 학습하는 데 걸린 시간, 오답 수를 기록하여 아이의 학습 결과를 확인할 수 있습니다.

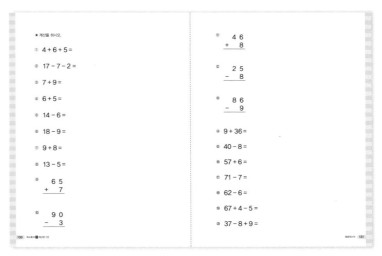

종료테스트

각 권이 끝날 때마다 종료테스트를 통해 학습한 것을 다시 한번 확인할 수 있습니다.
종료테스트의 정답을 확인하고 '학습능력평가표'를 작성합니다. 나온 평가의 결과대로 다음 교재로 바로 넘어갈지, 좀 더 복습이 필요한지 판단하여 계속해서 학습을 진행할 수 있습니다.

정답

단계별 정답 확인 후 지도포인트를 확인합니다. 이번 학습을 통해 어떤 부분의 문제해결력을 길렀는지, 또한 틀린 문제를 점검할 때 어떤 부분에 중점을 두고 확인해야 할지 알 수 있습니다.

최고효과 기초탄탄 계산법 전체 학습 내용

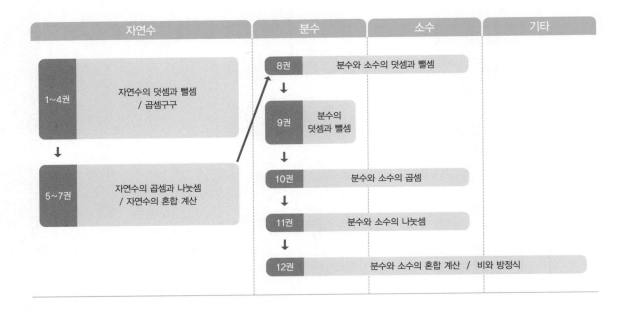

자연수	분수	소수	기타
1~4권 : 자연수의 덧셈과 뺄셈 / 곱셈구구			
5~7권 : 자연수의 곱셈과 나눗셈 / 자연수의 혼합 계산			
	8권 : 분수와 소수의 덧셈과 뺄셈		
	9권 : 분수의 덧셈과 뺄셈		
	10권 : 분수와 소수의 곱셈		
	11권 : 분수와 소수의 나눗셈		
	12권 : 분수와 소수의 혼합 계산 / 비와 방정식		

최고효과 기초탄탄 계산법 권별 학습 내용

1권 : 자연수의 덧셈과 뺄셈 ①

001단계	9까지의 수 모으기와 가르기
002단계	합이 9까지인 덧셈
003단계	차가 9까지인 뺄셈
004단계	덧셈과 뺄셈의 관계 ①
005단계	세 수의 덧셈과 뺄셈 ①
006단계	(몇십)+(몇)
007단계	(몇십 몇)±(몇)
008단계	(몇십)±(몇십), (몇십 몇)±(몇십 몇)
009단계	10의 모으기와 가르기
010단계	10의 덧셈과 뺄셈

(권장 학년 초1)

2권 : 자연수의 덧셈과 뺄셈 ②

011단계	세 수의 덧셈, 뺄셈
012단계	받아올림이 있는 (몇)+(몇)
013단계	받아내림이 있는 (십 몇)-(몇)
014단계	받아올림·받아내림이 있는 덧셈, 뺄셈 종합
015단계	(두 자리 수)+(한 자리 수)
016단계	(몇십 몇)-(몇)
017단계	(두 자리 수)-(한 자리 수)
018단계	(두 자리 수)±(한 자리 수) ①
019단계	(두 자리 수)±(한 자리 수) ②
020단계	세 수의 덧셈과 뺄셈 ②

3권 : 자연수의 덧셈과 뺄셈 ③ / 곱셈구구

021단계	(두 자리 수)+(두 자리 수) ①
022단계	(두 자리 수)+(두 자리 수) ②
023단계	(두 자리 수)-(두 자리 수)
024단계	(두 자리 수)±(두 자리 수)
025단계	덧셈과 뺄셈의 관계 ②
026단계	같은 수를 여러 번 더하기
027단계	2, 5, 3, 4의 단 곱셈구구
028단계	6, 7, 8, 9의 단 곱셈구구
029단계	곱셈구구 종합 ①
030단계	곱셈구구 종합 ②

(권장 학년 초2)

4권 : 자연수의 덧셈과 뺄셈 ④

031단계	(세 자리 수)+(세 자리 수) ①
032단계	(세 자리 수)+(세 자리 수) ②
033단계	(세 자리 수)-(세 자리 수) ①
034단계	(세 자리 수)-(세 자리 수) ②
035단계	(세 자리 수)±(세 자리 수)
036단계	세 자리 수의 덧셈, 뺄셈 종합
037단계	세 수의 덧셈과 뺄셈 ③
038단계	(네 자리 수)+(세 자리 수·네 자리 수)
039단계	(네 자리 수)-(세 자리 수·네 자리 수)
040단계	네 자리 수의 덧셈, 뺄셈 종합

차례

세 수의 덧셈, 뺄셈

● **결과 기록지**

① 1~5일차 학습에 걸린 시간을 각각 재서 그래프에 점을 찍습니다.
② 점과 점을 연결하여 기록의 변화를 확인합니다.
③ 오답 수를 세어 오답 수 칸에 씁니다.

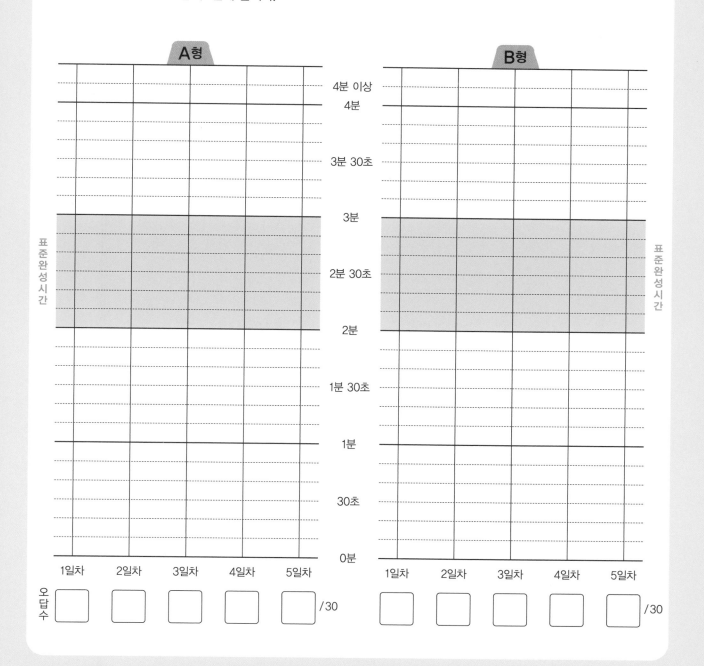

세 수의 덧셈, 뺄셈

● 세 수의 연이은 덧셈

앞에서부터 차례대로 두 수씩 더합니다.

그런데 세 수의 덧셈 중 두 수의 합이 10이 되는 경우에는 그 두 수를 먼저 더하여 10을 만들고 나머지 계산을 하면 쉽습니다.

보기

$$4+6+3=13 \qquad 6+1+9=16 \qquad 2+4+8=14$$

$$\underset{10}{} \qquad\qquad \underset{10}{} \qquad\qquad \underset{10}{}$$

● 세 수의 연이은 뺄셈

앞에서부터 차례대로 두 수씩 계산합니다.

그런데 세 수의 뺄셈 중 두 수의 차가 10이 되는 경우에는 그 두 수를 먼저 계산하여 10을 만들고 나머지 계산을 하면 쉽습니다.

보기

$$15-5-7=3 \qquad 17-3-7=7$$

$$\underset{10}{} \qquad\qquad\qquad \underset{10}{}$$

또한 다음 보기의 16-3-3과 같이 3을 빼고 또 3을 빼는 것은 6을 빼는 것과 같아서 결과가 10이 되어 계산이 쉬워지므로, 이렇게 결과가 10이 되도록 계산하는 방법도 있습니다.

보기

$$16-3-3=10$$

$$\underset{-6}{}$$

1 일차

세 수의 덧셈, 뺄셈

날짜	월	일
시간	분	초
오답 수	/	30

● 표준완성시간 : 2～3분

A 형

★ 덧셈을 하시오.

① $8+2+7=$
   10

② $4+6+5=$
   10

③ $9+1+2=$
   10

④ $5+5+6=$
   10

⑤ $4+7+3=$
      10

⑥ $8+1+9=$
      10

⑦ $3+6+4=$
      10

⑧ $3+5+7=$
      10

⑨ $6+9+4=$
      10

⑩ $2+1+8=$
      10

⑪ $7+3+2=$

⑫ $7+4+6=$

⑬ $9+8+1=$

⑭ $2+8+9=$

⑮ $4+9+1=$

⑯ $3+1+7=$

⑰ $6+4+5=$

⑱ $2+5+5=$

⑲ $8+6+2=$

⑳ $1+9+3=$

㉑ $8+3+7=$

㉒ $9+1+3=$

㉓ $2+5+8=$

㉔ $6+2+4=$

㉕ $4+6+1=$

㉖ $7+9+3=$

㉗ $2+8+6=$

㉘ $4+8+2=$

㉙ $7+1+9=$

㉚ $5+7+5=$

B형

날짜	월	일
시간	분	초
오답 수	/	30

세 수의 덧셈, 뺄셈

★ 뺄셈을 하시오.

① 13-3-9=
　　10

② 11-1-3=
　　10

③ 18-8-2=
　　10

④ 14-4-1=
　　10

⑤ 12-5-2=
　　　10

⑥ 17-6-7=
　　　10

⑦ 16-7-6=
　　10

⑧ 13-1-2=
　　　-3

⑨ 19-2-7=
　　　-9

⑩ 15-3-2=
　　　-5

⑪ 15-5-8=

⑫ 11-9-1=

⑬ 18-3-5=

⑭ 12-2-4=

⑮ 15-2-5=

⑯ 17-1-6=

⑰ 16-6-5=

⑱ 13-1-3=

⑲ 14-2-2=

⑳ 19-9-7=

㉑ 12-1-1=

㉒ 13-3-7=

㉓ 18-4-8=

㉔ 14-8-4=

㉕ 19-6-3=

㉖ 17-7-6=

㉗ 11-1-5=

㉘ 16-2-4=

㉙ 19-2-9=

㉚ 15-5-3=

2일차

세 수의 덧셈, 뺄셈

● 표준완성시간 : 2~3분

날짜	월	일
시간	분	초
오답 수	/	30

A형

★ 덧셈을 하시오.

① $2+8+9=$

② $6+4+7=$

③ $1+9+3=$

④ $7+3+6=$

⑤ $4+5+5=$

⑥ $5+9+1=$

⑦ $3+4+6=$

⑧ $8+1+2=$

⑨ $3+2+7=$

⑩ $9+8+1=$

⑪ $1+9+7=$

⑫ $4+7+3=$

⑬ $5+8+5=$

⑭ $8+2+3=$

⑮ $8+4+6=$

⑯ $7+9+3=$

⑰ $3+7+5=$

⑱ $6+9+1=$

⑲ $2+1+8=$

⑳ $6+4+2=$

㉑ $8+2+5=$

㉒ $4+7+6=$

㉓ $3+6+4=$

㉔ $2+4+8=$

㉕ $9+1+2=$

㉖ $4+6+2=$

㉗ $7+8+3=$

㉘ $9+3+7=$

㉙ $5+5+1=$

㉚ $6+1+9=$

세 수의 덧셈, 뺄셈

★ 뺄셈을 하시오.

① $12-2-1=$

  10

② $19-9-6=$

③ $16-6-9=$

④ $11-1-8=$

⑤ $14-5-4=$

  10

⑥ $18-3-8=$

⑦ $15-4-5=$

⑧ $13-2-1=$

  −3

⑨ $17-3-4=$

⑩ $15-4-1=$

⑪ $17-7-2=$

⑫ $12-9-2=$

⑬ $16-4-2=$

⑭ $13-3-4=$

⑮ $17-5-7=$

⑯ $19-5-4=$

⑰ $15-5-7=$

⑱ $11-6-1=$

⑲ $14-1-3=$

⑳ $18-8-1=$

㉑ $11-1-2=$

㉒ $16-8-6=$

㉓ $18-6-2=$

㉔ $17-7-6=$

㉕ $13-7-3=$

㉖ $15-1-4=$

㉗ $12-1-1=$

㉘ $14-4-3=$

㉙ $18-8-9=$

㉚ $19-4-9=$

세 수의 덧셈, 뺄셈

날짜	월	일
시간	분	초
오답 수	/	30

A형

★ 덧셈을 하시오.

① $9+1+7=$

② $3+7+1=$

③ $8+2+4=$

④ $4+6+9=$

⑤ $5+7+3=$

⑥ $3+2+8=$

⑦ $8+6+4=$

⑧ $1+5+9=$

⑨ $3+6+7=$

⑩ $5+2+5=$

⑪ $5+5+6=$

⑫ $2+1+9=$

⑬ $8+3+2=$

⑭ $4+6+5=$

⑮ $9+6+4=$

⑯ $1+8+9=$

⑰ $7+3+1=$

⑱ $4+3+7=$

⑲ $9+5+1=$

⑳ $2+8+7=$

㉑ $9+5+5=$

㉒ $8+9+1=$

㉓ $1+9+4=$

㉔ $6+7+4=$

㉕ $2+1+8=$

㉖ $2+7+3=$

㉗ $3+4+6=$

㉘ $7+5+3=$

㉙ $3+7+2=$

㉚ $8+2+6=$

B형	날짜	월	일
	시간	분	초
	오답 수		/ 30

세 수의 덧셈, 뺄셈

★ 뺄셈을 하시오.

① 15-5-3=

② 17-7-9=

③ 16-6-7=

④ 12-2-8=

⑤ 19-5-9=

⑥ 11-4-1=

⑦ 13-6-3=

⑧ 16-3-3=

⑨ 18-1-7=

⑩ 14-3-1=

⑪ 14-4-6=

⑫ 16-5-6=

⑬ 13-2-1=

⑭ 18-8-7=

⑮ 12-3-2=

⑯ 15-2-3=

⑰ 19-9-8=

⑱ 14-2-4=

⑲ 17-5-2=

⑳ 11-1-9=

㉑ 17-2-5=

㉒ 19-7-2=

㉓ 12-2-5=

㉔ 11-7-1=

㉕ 15-9-5=

㉖ 14-4-1=

㉗ 18-6-8=

㉘ 12-1-1=

㉙ 13-3-2=

㉚ 16-6-4=

세 수의 덧셈, 뺄셈

★ 덧셈을 하시오.

① 3+7+4=

② 1+9+6=

③ 5+5+7=

④ 8+2+9=

⑤ 2+4+6=

⑥ 3+9+1=

⑦ 7+2+8=

⑧ 7+8+3=

⑨ 2+5+8=

⑩ 6+1+4=

⑪ 4+6+3=

⑫ 5+8+2=

⑬ 3+9+7=

⑭ 7+3+6=

⑮ 8+1+9=

⑯ 6+7+4=

⑰ 2+8+1=

⑱ 4+5+5=

⑲ 4+8+6=

⑳ 9+1+2=

㉑ 9+7+3=

㉒ 5+8+5=

㉓ 6+4+5=

㉔ 3+2+8=

㉕ 9+4+1=

㉖ 3+7+6=

㉗ 8+1+2=

㉘ 5+4+6=

㉙ 8+2+7=

㉚ 1+2+9=

세 수의 덧셈, 뺄셈

★ 뺄셈을 하시오.

① $15-5-4=$

② $18-8-3=$

③ $13-3-5=$

④ $17-7-8=$

⑤ $11-2-1=$

⑥ $19-6-9=$

⑦ $12-7-2=$

⑧ $17-6-1=$

⑨ $14-1-3=$

⑩ $16-5-1=$

⑪ $12-2-9=$

⑫ $15-6-5=$

⑬ $13-1-2=$

⑭ $19-9-3=$

⑮ $17-5-7=$

⑯ $16-1-5=$

⑰ $14-4-7=$

⑱ $11-8-1=$

⑲ $18-4-4=$

⑳ $16-6-1=$

㉑ $13-8-3=$

㉒ $19-4-5=$

㉓ $11-1-6=$

㉔ $14-1-4=$

㉕ $12-1-1=$

㉖ $14-4-2=$

㉗ $16-6-3=$

㉘ $15-1-4=$

㉙ $17-7-4=$

㉚ $18-9-8=$

5일차

세 수의 덧셈, 뺄셈

● 표준완성시간 : 2~3분

날짜	월	일
시간	분	초
오답 수	/	30

★ 덧셈을 하시오.

① 6+4+2=

② 2+8+6=

③ 7+3+1=

④ 1+9+4=

⑤ 6+9+1=

⑥ 3+5+5=

⑦ 5+8+2=

⑧ 3+8+7=

⑨ 8+3+2=

⑩ 4+7+6=

⑪ 7+3+6=

⑫ 5+1+9=

⑬ 6+8+4=

⑭ 5+5+1=

⑮ 7+8+2=

⑯ 2+4+8=

⑰ 9+1+3=

⑱ 2+3+7=

⑲ 5+9+5=

⑳ 4+6+1=

㉑ 1+9+3=

㉒ 2+5+5=

㉓ 9+2+8=

㉔ 9+7+1=

㉕ 3+7+5=

㉖ 1+6+4=

㉗ 1+8+9=

㉘ 4+7+3=

㉙ 4+9+6=

㉚ 8+2+3=

세 수의 덧셈, 뺄셈

★ 뺄셈을 하시오.

① $19-9-4=$

② $12-2-6=$

③ $16-6-8=$

④ $14-4-5=$

⑤ $18-2-8=$

⑥ $17-9-7=$

⑦ $11-3-1=$

⑧ $13-2-1=$

⑨ $16-2-4=$

⑩ $15-3-2=$

⑪ $17-7-3=$

⑫ $13-9-3=$

⑬ $18-5-3=$

⑭ $11-1-7=$

⑮ $19-8-9=$

⑯ $12-1-1=$

⑰ $15-5-2=$

⑱ $16-4-6=$

⑲ $14-2-2=$

⑳ $13-3-1=$

㉑ $16-6-9=$

㉒ $12-8-2=$

㉓ $17-4-3=$

㉔ $19-9-2=$

㉕ $14-7-4=$

㉖ $15-1-5=$

㉗ $11-1-4=$

㉘ $19-3-6=$

㉙ $13-1-2=$

㉚ $18-8-6=$

받아올림이 있는 (몇)+(몇)

● 결과 기록지

① 1~5일차 학습에 걸린 시간을 각각 재서 그래프에 점을 찍습니다.
② 점과 점을 연결하여 기록의 변화를 확인합니다.
③ 오답 수를 세어 오답 수 칸에 씁니다.

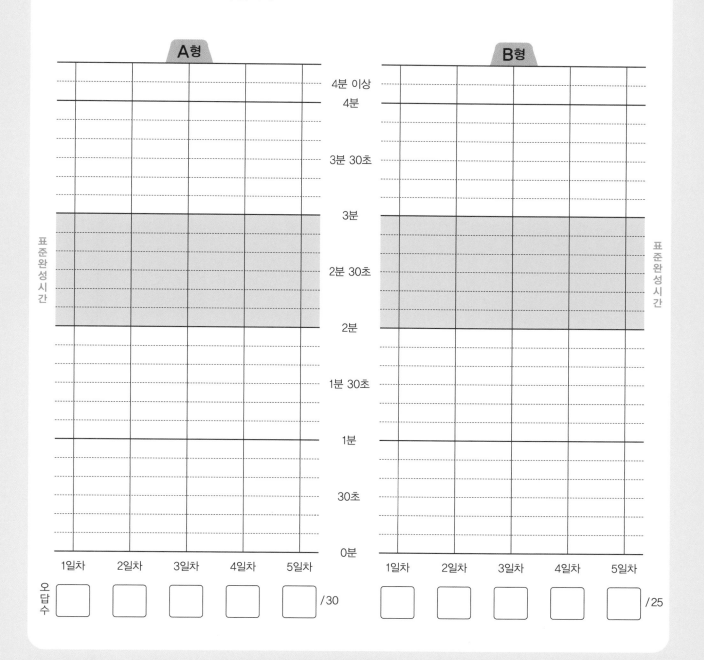

받아올림이 있는 (몇)+(몇)

● 받아올림이 있는 (몇)+(몇)

(몇)+(몇)의 계산 결과가 10이거나 10보다 큰 덧셈을 받아올림이 있는 덧셈이라고 합니다.
받아올림이 있는 (몇)+(몇)의 계산을 할 때 더하는 수 또는 더해지는 수를 가르기 하여 먼저 10
을 만들고 더하면 쉽습니다.

더하는 수 가르기의 예

$$8 + 3 = 11$$

더해지는 수 가르기의 예

$$8 + 3 = 11$$

덧셈표를 이용한 덧셈의 예

+	6	8
5	11	13
9	15	17

$$5+6=11, \ 5+8=13, \ 9+6=15, \ 9+8=17$$

1 일차   받아올림이 있는 (몇)+(몇)

★ 덧셈을 하시오.

① 9 + 3 =
9+1+2

② 9 + 5 =

③ 9 + 6 =

④ 9 + 7 =

⑤ 8 + 3 =
8+2+1

⑥ 8 + 4 =

⑦ 8 + 7 =

⑧ 7 + 4 =
7+3+1

⑨ 7 + 5 =

⑩ 6 + 5 =
6+4+1

⑪ 2 + 9 =
1+1+9

⑫ 4 + 9 =

⑬ 7 + 9 =

⑭ 8 + 9 =

⑮ 5 + 8 =
3+2+8

⑯ 6 + 8 =

⑰ 7 + 8 =

⑱ 4 + 7 =
1+3+7

⑲ 6 + 7 =

⑳ 5 + 6 =
1+4+6

㉑ 9 + 4 =

㉒ 8 + 5 =

㉓ 7 + 6 =

㉔ 6 + 9 =

㉕ 4 + 8 =

㉖ 5 + 7 =

㉗ 9 + 9 =

㉘ 8 + 8 =

㉙ 7 + 7 =

㉚ 6 + 6 =

받아올림이 있는 (몇)+(몇)

★ 빈칸에 알맞은 수를 써넣어 덧셈표를 만들어 보시오.

+	5	6	7	8	9
9					
8					
7					
6					
5					14

5+9=14

★ 덧셈을 하시오.

① $9 + 2 =$
   9+1+1

② $9 + 4 =$

③ $9 + 7 =$

④ $9 + 8 =$

⑤ $8 + 4 =$
   8+2+2

⑥ $8 + 5 =$

⑦ $8 + 6 =$

⑧ $7 + 4 =$
   7+3+1

⑨ $7 + 6 =$

⑩ $6 + 5 =$
   6+4+1

⑪ $3 + 9 =$
   2+1+9

⑫ $5 + 9 =$

⑬ $6 + 9 =$

⑭ $8 + 9 =$

⑮ $3 + 8 =$
   1+2+8

⑯ $4 + 8 =$

⑰ $7 + 8 =$

⑱ $5 + 7 =$
   2+3+7

⑲ $6 + 7 =$

⑳ $5 + 6 =$
   1+4+6

㉑ $9 + 5 =$

㉒ $8 + 7 =$

㉓ $7 + 5 =$

㉔ $2 + 9 =$

㉕ $6 + 8 =$

㉖ $4 + 7 =$

㉗ $6 + 6 =$

㉘ $7 + 7 =$

㉙ $8 + 8 =$

㉚ $9 + 9 =$

받아올림이 있는 (몇)+(몇)

★ 빈칸에 알맞은 수를 써넣어 덧셈표를 만들어 보시오.

+	5	7	8	6	9
9					
5					
7					
6					
8					

★ 덧셈을 하시오.

① $9 + 6 =$

② $7 + 5 =$

③ $8 + 4 =$

④ $9 + 2 =$

⑤ $8 + 6 =$

⑥ $3 + 8 =$

⑦ $4 + 9 =$

⑧ $6 + 7 =$

⑨ $5 + 8 =$

⑩ $7 + 9 =$

⑪ $7 + 4 =$

⑫ $3 + 9 =$

⑬ $9 + 8 =$

⑭ $7 + 8 =$

⑮ $6 + 5 =$

⑯ $5 + 7 =$

⑰ $8 + 3 =$

⑱ $5 + 9 =$

⑲ $7 + 7 =$

⑳ $8 + 8 =$

㉑ $5 + 6 =$

㉒ $9 + 5 =$

㉓ $6 + 8 =$

㉔ $4 + 7 =$

㉕ $9 + 9 =$

㉖ $8 + 7 =$

㉗ $2 + 9 =$

㉘ $6 + 6 =$

㉙ $7 + 6 =$

㉚ $9 + 4 =$

날짜	월	일
시간	분	초
오답 수		/ 25

● 표준완성시간 : 2~3분

받아올림이 있는 (몇)+(몇)

★ 빈칸에 알맞은 수를 써넣어 덧셈표를 만들어 보시오.

+	7	8	6	9	5
5					
9					
8					
7					
6					

★ 덧셈을 하시오.

① 9 + 3 =

② 8 + 9 =

③ 6 + 5 =

④ 4 + 8 =

⑤ 9 + 7 =

⑥ 5 + 7 =

⑦ 8 + 5 =

⑧ 3 + 8 =

⑨ 7 + 4 =

⑩ 4 + 9 =

⑪ 8 + 4 =

⑫ 6 + 6 =

⑬ 6 + 9 =

⑭ 7 + 5 =

⑮ 8 + 6 =

⑯ 6 + 7 =

⑰ 5 + 8 =

⑱ 9 + 9 =

⑲ 9 + 2 =

⑳ 5 + 6 =

㉑ 7 + 8 =

㉒ 7 + 6 =

㉓ 8 + 8 =

㉔ 7 + 9 =

㉕ 4 + 7 =

㉖ 9 + 6 =

㉗ 8 + 3 =

㉘ 5 + 9 =

㉙ 7 + 7 =

㉚ 9 + 8 =

B형

날짜	월	일
시간	분	초
오답 수	/	25

받아올림이 있는 (몇)+(몇)

★ 빈칸에 알맞은 수를 써넣어 덧셈표를 만들어 보시오.

+	6	9	7	5	8
7					
6					
5					
8					
9					

받아올림이 있는 (몇)+(몇)

★ 덧셈을 하시오.

① $5 + 7 =$

② $9 + 4 =$

③ $6 + 8 =$

④ $5 + 6 =$

⑤ $9 + 5 =$

⑥ $9 + 9 =$

⑦ $2 + 9 =$

⑧ $7 + 4 =$

⑨ $3 + 9 =$

⑩ $8 + 7 =$

⑪ $9 + 6 =$

⑫ $7 + 8 =$

⑬ $8 + 3 =$

⑭ $7 + 5 =$

⑮ $6 + 7 =$

⑯ $7 + 9 =$

⑰ $8 + 5 =$

⑱ $7 + 7 =$

⑲ $6 + 5 =$

⑳ $8 + 9 =$

㉑ $4 + 7 =$

㉒ $8 + 4 =$

㉓ $6 + 6 =$

㉔ $8 + 6 =$

㉕ $9 + 8 =$

㉖ $5 + 9 =$

㉗ $4 + 8 =$

㉘ $7 + 6 =$

㉙ $8 + 8 =$

㉚ $5 + 8 =$

받아올림이 있는 (몇)+(몇)

★ 빈칸에 알맞은 수를 써넣어 덧셈표를 만들어 보시오.

+	8	5	9	7	6
8					
7					
6					
9					
5					

013 단계

받아내림이 있는 (십 몇)−(몇)

● 결과 기록지

① 1~5일차 학습에 걸린 시간을 각각 재서 그래프에 점을 찍습니다.
② 점과 점을 연결하여 기록의 변화를 확인합니다.
③ 오답 수를 세어 오답 수 칸에 씁니다.

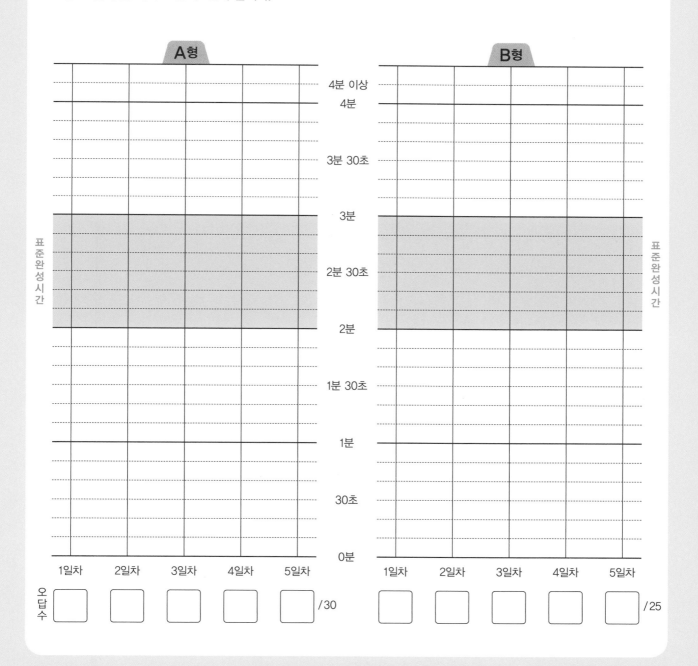

받아내림이 있는 (십 몇)−(몇)

● 받아내림이 있는 (십 몇)−(몇)

(십 몇)−(몇)의 계산에서 일의 자리 숫자끼리 뺄 수 없을 때 십의 자리에서 받아내림하여 계산
하게 되는데 이것을 받아내림이 있는 뺄셈이라고 합니다.
받아내림이 있는 뺄셈을 할 때 빼는 수 또는 빼어지는 수를 가르기 하여 먼저 10을 만들고 빼
면 쉽습니다.

빼는 수 가르기의 예

$$11 - 4 = 7$$

1 3
10

빼어지는 수 가르기의 예

$$11 - 4 = 7$$

10+1
6

뺄셈표를 이용한 뺄셈의 예

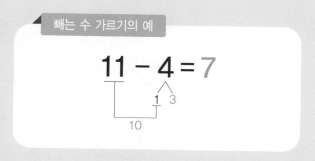

−	6	8
12	6	4
15	9	7

$$12 - 6 = 6, \ 12 - 8 = 4, \ 15 - 6 = 9, \ 15 - 8 = 7$$

받아내림이 있는 (십 몇)−(몇)

★ 뺄셈을 하시오.

① 11 − 2 =
11−1−1

② 11 − 5 =

③ 12 − 3 =
12−2−1

④ 12 − 7 =

⑤ 13 − 5 =
13−3−2

⑥ 13 − 9 =

⑦ 14 − 8 =

⑧ 15 − 7 =

⑨ 16 − 8 =

⑩ 17 − 9 =

⑪ 11 − 3 =
10−3+1

⑫ 11 − 6 =

⑬ 12 − 5 =
10−5+2

⑭ 12 − 8 =

⑮ 13 − 4 =
10−4+3

⑯ 13 − 7 =

⑰ 14 − 5 =

⑱ 15 − 9 =

⑲ 16 − 7 =

⑳ 17 − 8 =

㉑ 11 − 4 =

㉒ 11 − 9 =

㉓ 12 − 4 =

㉔ 12 − 6 =

㉕ 13 − 6 =

㉖ 13 − 8 =

㉗ 14 − 6 =

㉘ 15 − 8 =

㉙ 16 − 9 =

㉚ 18 − 9 =

받아내림이 있는 (십 몇)−(몇)

★ 빈칸에 알맞은 수를 써넣어 뺄셈표를 만들어 보시오.

−	5	6	7	8	9
11					2
12					
13					
14					
15					

11−9=2

2일차

받아내림이 있는 (십 몇)−(몇)

● 표준완성시간 : 2~3분

날짜	월	일
시간	분	초
오답 수	/ 30	

★ 뺄셈을 하시오.

① 11 − 4 =
11−1−3

② 11 − 8 =

③ 12 − 4 =
12−2−2

④ 12 − 9 =

⑤ 13 − 4 =
13−3−1

⑥ 13 − 8 =

⑦ 14 − 9 =

⑧ 15 − 6 =

⑨ 16 − 7 =

⑩ 17 − 8 =

⑪ 11 − 5 =
10−5+1

⑫ 11 − 9 =

⑬ 12 − 3 =
10−3+2

⑭ 12 − 6 =

⑮ 13 − 6 =
10−6+3

⑯ 13 − 9 =

⑰ 14 − 7 =

⑱ 15 − 8 =

⑲ 16 − 9 =

⑳ 18 − 9 =

㉑ 11 − 2 =

㉒ 11 − 7 =

㉓ 12 − 5 =

㉔ 12 − 7 =

㉕ 13 − 5 =

㉖ 13 − 7 =

㉗ 14 − 5 =

㉘ 15 − 9 =

㉙ 16 − 8 =

㉚ 17 − 9 =

받아내림이 있는 (십 몇)−(몇)

★ 빈칸에 알맞은 수를 써넣어 뺄셈표를 만들어 보시오.

−	6	9	8	5	7
12					
14					
11					
15					
13					

3일차   받아내림이 있는 (십 몇)−(몇)

★ 뺄셈을 하시오.

① 14 − 6 =

② 11 − 7 =

③ 16 − 9 =

④ 12 − 3 =

⑤ 13 − 6 =

⑥ 15 − 9 =

⑦ 17 − 8 =

⑧ 11 − 3 =

⑨ 13 − 9 =

⑩ 12 − 8 =

⑪ 12 − 9 =

⑫ 16 − 8 =

⑬ 13 − 7 =

⑭ 11 − 4 =

⑮ 18 − 9 =

⑯ 13 − 4 =

⑰ 12 − 5 =

⑱ 15 − 7 =

⑲ 14 − 8 =

⑳ 11 − 6 =

㉑ 16 − 7 =

㉒ 12 − 4 =

㉓ 11 − 8 =

㉔ 14 − 9 =

㉕ 13 − 5 =

㉖ 17 − 9 =

㉗ 11 − 2 =

㉘ 13 − 8 =

㉙ 12 − 7 =

㉚ 15 − 6 =

B형

날짜	월	일
시간	분	초
오답 수	/	25

받아내림이 있는 (십 몇)−(몇)

★ 빈칸에 알맞은 수를 써넣어 뺄셈표를 만들어 보시오.

−	7	5	9	6	8
13					
15					
12					
11					
14					

4일차

받아내림이 있는 (십 몇)–(몇)

● 표준완성시간 : 2~3분

날짜	월	일
시간	분	초
오답 수	/	30

A형

★ 뺄셈을 하시오.

① 12 – 8 =

② 11 – 3 =

③ 15 – 8 =

④ 13 – 7 =

⑤ 12 – 4 =

⑥ 16 – 8 =

⑦ 14 – 5 =

⑧ 11 – 9 =

⑨ 13 – 5 =

⑩ 18 – 9 =

⑪ 16 – 7 =

⑫ 13 – 6 =

⑬ 14 – 8 =

⑭ 11 – 7 =

⑮ 12 – 3 =

⑯ 15 – 6 =

⑰ 11 – 5 =

⑱ 13 – 4 =

⑲ 12 – 6 =

⑳ 17 – 9 =

㉑ 11 – 6 =

㉒ 17 – 8 =

㉓ 12 – 9 =

㉔ 13 – 8 =

㉕ 14 – 7 =

㉖ 11 – 8 =

㉗ 16 – 9 =

㉘ 12 – 5 =

㉙ 13 – 9 =

㉚ 15 – 7 =

B형		
날짜	월	일
시간	분	초
오답 수		/ 25

받아내림이 있는 (십 몇)–(몇)

★ 빈칸에 알맞은 수를 써넣어 뺄셈표를 만들어 보시오.

–	8	7	6	9	5
15					
11					
14					
13					
12					

5일차

받아내림이 있는 (십 몇)-(몇)

● 표준완성시간 : 2~3분

날짜	월	일
시간	분	초
오답 수	/	30

★ 뺄셈을 하시오.

① 13 – 4 =

② 11 – 6 =

③ 17 – 9 =

④ 15 – 7 =

⑤ 12 – 3 =

⑥ 14 – 7 =

⑦ 13 – 6 =

⑧ 12 – 9 =

⑨ 16 – 8 =

⑩ 11 – 4 =

⑪ 14 – 6 =

⑫ 12 – 7 =

⑬ 13 – 8 =

⑭ 11 – 2 =

⑮ 17 – 8 =

⑯ 15 – 9 =

⑰ 12 – 5 =

⑱ 16 – 9 =

⑲ 11 – 8 =

⑳ 13 – 5 =

㉑ 18 – 9 =

㉒ 15 – 6 =

㉓ 11 – 9 =

㉔ 13 – 7 =

㉕ 12 – 6 =

㉖ 16 – 7 =

㉗ 13 – 9 =

㉘ 11 – 5 =

㉙ 14 – 9 =

㉚ 12 – 8 =

날짜	월	일
시간	분	초
오답 수		/ 25

받아내림이 있는 (십 몇)-(몇)

★ 빈칸에 알맞은 수를 써넣어 뺄셈표를 만들어 보시오.

−	9	8	5	7	6
14					
13					
15					
12					
11					

014 단계 받아올림 · 받아내림이 있는 덧셈, 뺄셈 종합

● 결과 기록지

① 1~5일차 학습에 걸린 시간을 각각 재서 그래프에 점을 찍습니다.
② 점과 점을 연결하여 기록의 변화를 확인합니다.
③ 오답 수를 세어 오답 수 칸에 씁니다.

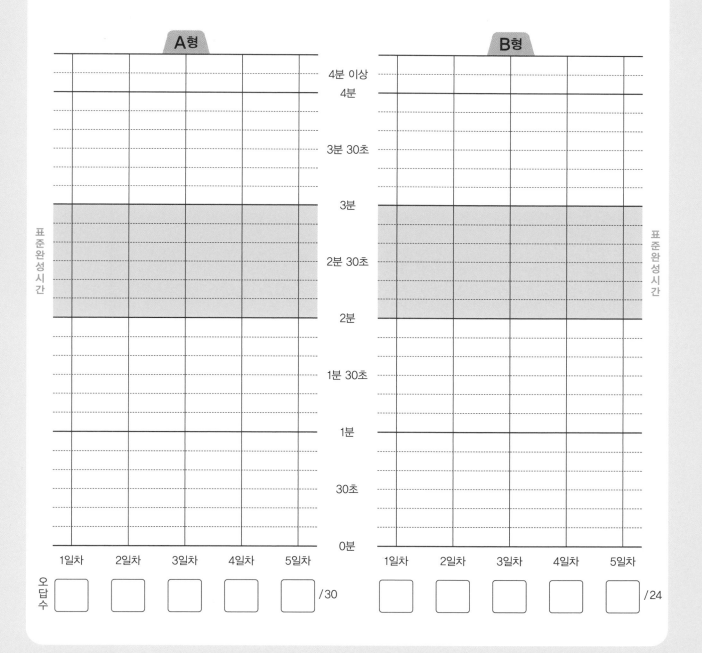

받아올림 · 받아내림이 있는 덧셈, 뺄셈 종합

● 받아올림이 있는 덧셈

일의 자리 숫자끼리 더하여 10이거나 10보다 크면 십의 자리로 받아올림하여 계산합니다.

● 받아내림이 있는 뺄셈

일의 자리 숫자끼리 뺄 수 없을 때에는 십의 자리에서 받아내림하여 계산합니다.

받아올림 · 받아내림이 있는 덧셈, 뺄셈 종합

★ 계산을 하시오.

① 6 + 5 =

② 4 + 9 =

③ 8 + 7 =

④ 5 + 6 =

⑤ 9 + 2 =

⑥ 5 + 7 =

⑦ 9 + 5 =

⑧ 4 + 8 =

⑨ 7 + 6 =

⑩ 8 + 9 =

⑪ 12 − 5 =

⑫ 15 − 7 =

⑬ 11 − 2 =

⑭ 14 − 5 =

⑮ 13 − 8 =

⑯ 12 − 9 =

⑰ 16 − 9 =

⑱ 11 − 7 =

⑲ 17 − 8 =

⑳ 13 − 6 =

㉑ 6 + 8 =

㉒ 9 + 7 =

㉓ 9 + 9 =

㉔ 3 + 9 =

㉕ 8 + 5 =

㉖ 12 − 3 =

㉗ 14 − 8 =

㉘ 11 − 6 =

㉙ 15 − 8 =

㉚ 13 − 7 =

받아올림·받아내림이 있는 덧셈, 뺄셈 종합

★ 계산을 하시오.

①
```
    7
+   5
─────
```

②
```
    5
+   8
─────
```

③
```
    9
+   3
─────
```

④
```
    6
+   7
─────
```

⑤
```
    8
+   4
─────
```

⑥
```
    7
+   9
─────
```

⑦
```
  1 2
－   6
─────
```

⑧
```
  1 1
－   3
─────
```

⑨
```
  1 8
－   9
─────
```

⑩
```
  1 2
－   7
─────
```

⑪
```
  1 6
－   8
─────
```

⑫
```
  1 1
－   9
─────
```

⑬
```
    2
+   9
─────
```

⑭
```
    8
+   6
─────
```

⑮
```
    7
+   7
─────
```

⑯
```
  1 4
－   7
─────
```

⑰
```
  1 7
－   9
─────
```

⑱
```
  1 2
－   8
─────
```

⑲
```
    6
+   6
─────
```

⑳
```
    3
+   8
─────
```

㉑
```
    9
+   6
─────
```

㉒
```
  1 5
－   9
─────
```

㉓
```
  1 1
－   4
─────
```

㉔
```
  1 3
－   5
─────
```

★ 계산을 하시오.

① $5 + 8 =$

② $9 + 4 =$

③ $8 + 8 =$

④ $7 + 4 =$

⑤ $2 + 9 =$

⑥ $12 - 8 =$

⑦ $15 - 6 =$

⑧ $14 - 9 =$

⑨ $11 - 5 =$

⑩ $13 - 9 =$

⑪ $8 + 3 =$

⑫ $17 - 9 =$

⑬ $5 + 6 =$

⑭ $12 - 6 =$

⑮ $5 + 9 =$

⑯ $11 - 3 =$

⑰ $9 + 6 =$

⑱ $15 - 9 =$

⑲ $7 + 8 =$

⑳ $14 - 6 =$

㉑ $6 + 9 =$

㉒ $11 - 8 =$

㉓ $9 + 8 =$

㉔ $16 - 7 =$

㉕ $8 + 6 =$

㉖ $13 - 4 =$

㉗ $4 + 7 =$

㉘ $18 - 9 =$

㉙ $6 + 5 =$

㉚ $12 - 4 =$

받아올림·받아내림이 있는 덧셈, 뺄셈 종합

★ 계산을 하시오.

①
$$\begin{array}{r} 4 \\ + 8 \\ \hline \end{array}$$

⑦
$$\begin{array}{r} 8 \\ + 7 \\ \hline \end{array}$$

⑬
$$\begin{array}{r} 8 \\ + 9 \\ \hline \end{array}$$

⑲
$$\begin{array}{r} 8 \\ + 5 \\ \hline \end{array}$$

②
$$\begin{array}{r} 9 \\ + 5 \\ \hline \end{array}$$

⑧
$$\begin{array}{r} 3 \\ + 9 \\ \hline \end{array}$$

⑭
$$\begin{array}{r} 1\ 2 \\ -\ \ 5 \\ \hline \end{array}$$

⑳
$$\begin{array}{r} 1\ 3 \\ -\ \ 6 \\ \hline \end{array}$$

③
$$\begin{array}{r} 5 \\ + 7 \\ \hline \end{array}$$

⑨
$$\begin{array}{r} 6 \\ + 6 \\ \hline \end{array}$$

⑮
$$\begin{array}{r} 7 \\ + 6 \\ \hline \end{array}$$

㉑
$$\begin{array}{r} 5 \\ + 6 \\ \hline \end{array}$$

④
$$\begin{array}{r} 1\ 2 \\ -\ \ 9 \\ \hline \end{array}$$

⑩
$$\begin{array}{r} 1\ 1 \\ -\ \ 6 \\ \hline \end{array}$$

⑯
$$\begin{array}{r} 1\ 7 \\ -\ \ 8 \\ \hline \end{array}$$

㉒
$$\begin{array}{r} 1\ 1 \\ -\ \ 7 \\ \hline \end{array}$$

⑤
$$\begin{array}{r} 1\ 4 \\ -\ \ 5 \\ \hline \end{array}$$

⑪
$$\begin{array}{r} 1\ 5 \\ -\ \ 7 \\ \hline \end{array}$$

⑰
$$\begin{array}{r} 6 \\ + 8 \\ \hline \end{array}$$

㉓
$$\begin{array}{r} 9 \\ + 7 \\ \hline \end{array}$$

⑥
$$\begin{array}{r} 1\ 1 \\ -\ \ 2 \\ \hline \end{array}$$

⑫
$$\begin{array}{r} 1\ 3 \\ -\ \ 8 \\ \hline \end{array}$$

⑱
$$\begin{array}{r} 1\ 6 \\ -\ \ 9 \\ \hline \end{array}$$

㉔
$$\begin{array}{r} 1\ 4 \\ -\ \ 8 \\ \hline \end{array}$$

★ 계산을 하시오.

① $6 + 5 =$

② $15 - 6 =$

③ $4 + 9 =$

④ $12 - 4 =$

⑤ $8 + 3 =$

⑥ $17 - 9 =$

⑦ $6 + 7 =$

⑧ $11 - 4 =$

⑨ $9 + 3 =$

⑩ $13 - 5 =$

⑪ $7 + 8 =$

⑫ $11 - 9 =$

⑬ $9 + 9 =$

⑭ $14 - 7 =$

⑮ $7 + 9 =$

⑯ $11 - 8 =$

⑰ $9 + 2 =$

⑱ $12 - 7 =$

⑲ $3 + 8 =$

⑳ $18 - 9 =$

㉑ $9 + 8 =$

㉒ $12 - 3 =$

㉓ $5 + 6 =$

㉔ $16 - 8 =$

㉕ $8 + 4 =$

㉖ $15 - 8 =$

㉗ $5 + 9 =$

㉘ $13 - 7 =$

㉙ $7 + 4 =$

㉚ $14 - 9 =$

B형

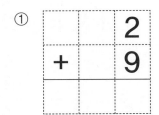

날짜	월	일
시간	분	초
오답 수		/ 24

받아올림 · 받아내림이 있는 덧셈, 뺄셈 종합

★ 계산을 하시오.

①
```
      2
+     9
```

⑦
```
      4
+     7
```

⑬
```
      9
+     7
```

⑲
```
      8
+     8
```

②
```
    1 6
-     7
```

⑧
```
    1 3
-     9
```

⑭
```
    1 4
-     8
```

⑳
```
    1 5
-     9
```

③
```
      6
+     8
```

⑨
```
      8
+     5
```

⑮
```
      4
+     8
```

㉑
```
      8
+     7
```

④
```
    1 4
-     6
```

⑩
```
    1 7
-     8
```

⑯
```
    1 1
-     5
```

㉒
```
    1 2
-     8
```

⑤
```
      9
+     4
```

⑪
```
      6
+     9
```

⑰
```
      7
+     6
```

㉓
```
      5
+     6
```

⑥
```
    1 1
-     3
```

⑫
```
    1 2
-     6
```

⑱
```
    1 3
-     4
```

㉔
```
    1 1
-     7
```

★ 계산을 하시오.

① 8 + 9 =

② 12 − 5 =

③ 7 + 4 =

④ 16 − 9 =

⑤ 3 + 8 =

⑥ 14 − 5 =

⑦ 9 + 4 =

⑧ 11 − 6 =

⑨ 7 + 7 =

⑩ 13 − 4 =

⑪ 6 + 5 =

⑫ 14 − 7 =

⑬ 7 + 9 =

⑭ 11 − 5 =

⑮ 8 + 4 =

⑯ 18 − 9 =

⑰ 5 + 7 =

⑱ 12 − 9 =

⑲ 9 + 6 =

⑳ 15 − 7 =

㉑ 5 + 8 =

㉒ 15 − 9 =

㉓ 9 + 5 =

㉔ 12 − 7 =

㉕ 5 + 6 =

㉖ 13 − 8 =

㉗ 8 + 6 =

㉘ 11 − 2 =

㉙ 3 + 9 =

㉚ 17 − 8 =

B형

받아올림·받아내림이 있는 덧셈, 뺄셈 종합

★ 계산을 하시오.

①
$$\begin{array}{r} 9 \\ +\ 9 \\ \hline \end{array}$$

②
$$\begin{array}{r} 1\ 3 \\ -\ \ 5 \\ \hline \end{array}$$

③
$$\begin{array}{r} 9 \\ +\ 2 \\ \hline \end{array}$$

④
$$\begin{array}{r} 1\ 4 \\ -\ \ 9 \\ \hline \end{array}$$

⑤
$$\begin{array}{r} 4 \\ +\ 8 \\ \hline \end{array}$$

⑥
$$\begin{array}{r} 1\ 1 \\ -\ \ 4 \\ \hline \end{array}$$

⑦
$$\begin{array}{r} 8 \\ +\ 3 \\ \hline \end{array}$$

⑧
$$\begin{array}{r} 1\ 5 \\ -\ \ 6 \\ \hline \end{array}$$

⑨
$$\begin{array}{r} 5 \\ +\ 9 \\ \hline \end{array}$$

⑩
$$\begin{array}{r} 1\ 2 \\ -\ \ 3 \\ \hline \end{array}$$

⑪
$$\begin{array}{r} 7 \\ +\ 5 \\ \hline \end{array}$$

⑫
$$\begin{array}{r} 1\ 3 \\ -\ \ 7 \\ \hline \end{array}$$

⑬
$$\begin{array}{r} 4 \\ +\ 9 \\ \hline \end{array}$$

⑭
$$\begin{array}{r} 1\ 1 \\ -\ \ 8 \\ \hline \end{array}$$

⑮
$$\begin{array}{r} 8 \\ +\ 8 \\ \hline \end{array}$$

⑯
$$\begin{array}{r} 1\ 6 \\ -\ \ 8 \\ \hline \end{array}$$

⑰
$$\begin{array}{r} 7 \\ +\ 8 \\ \hline \end{array}$$

⑱
$$\begin{array}{r} 1\ 2 \\ -\ \ 4 \\ \hline \end{array}$$

⑲
$$\begin{array}{r} 8 \\ +\ 5 \\ \hline \end{array}$$

⑳
$$\begin{array}{r} 1\ 1 \\ -\ \ 9 \\ \hline \end{array}$$

㉑
$$\begin{array}{r} 6 \\ +\ 7 \\ \hline \end{array}$$

㉒
$$\begin{array}{r} 1\ 7 \\ -\ \ 9 \\ \hline \end{array}$$

㉓
$$\begin{array}{r} 9 \\ +\ 8 \\ \hline \end{array}$$

㉔
$$\begin{array}{r} 1\ 4 \\ -\ \ 6 \\ \hline \end{array}$$

★ 계산을 하시오.

① 8 + 3 =

② 15 − 6 =

③ 12 − 8 =

④ 4 + 9 =

⑤ 7 + 6 =

⑥ 13 − 9 =

⑦ 11 − 3 =

⑧ 5 + 8 =

⑨ 18 − 9 =

⑩ 9 + 3 =

⑪ 12 − 4 =

⑫ 6 + 9 =

⑬ 6 + 6 =

⑭ 16 − 7 =

⑮ 13 − 6 =

⑯ 6 + 5 =

⑰ 9 + 8 =

⑱ 14 − 6 =

⑲ 6 + 8 =

⑳ 11 − 7 =

㉑ 6 + 5 =

㉒ 17 − 9 =

㉓ 4 + 7 =

㉔ 9 + 7 =

㉕ 15 − 8 =

㉖ 12 − 6 =

㉗ 2 + 9 =

㉘ 8 + 7 =

㉙ 11 − 9 =

㉚ 14 − 8 =

B형

날짜	월	일
시간	분	초
오답 수	/ 24	

받아올림 · 받아내림이 있는 덧셈, 뺄셈 종합

★ 계산을 하시오.

①
```
   1 1
 -   8
```

②
```
     9
 +   2
```

③
```
     5
 +   7
```

④
```
   1 3
 -   4
```

⑤
```
     8
 +   6
```

⑥
```
   1 4
 -   7
```

⑦
```
     3
 +   8
```

⑧
```
   1 2
 -   7
```

⑨
```
   1 1
 -   5
```

⑩
```
     7
 +   4
```

⑪
```
   1 7
 -   8
```

⑫
```
     3
 +   9
```

⑬
```
   1 1
 -   6
```

⑭
```
     9
 +   6
```

⑮
```
   1 4
 -   5
```

⑯
```
     7
 +   7
```

⑰
```
     8
 +   4
```

⑱
```
   1 5
 -   7
```

⑲
```
     7
 +   8
```

⑳
```
   1 6
 -   9
```

㉑
```
     6
 +   5
```

㉒
```
   1 2
 -   9
```

㉓
```
   1 3
 -   8
```

㉔
```
     8
 +   9
```

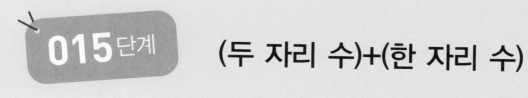

015 단계   (두 자리 수)+(한 자리 수)

● 결과 기록지

① 1~5일차 학습에 걸린 시간을 각각 재서 그래프에 점을 찍습니다.
② 점과 점을 연결하여 기록의 변화를 확인합니다.
③ 오답 수를 세어 오답 수 칸에 씁니다.

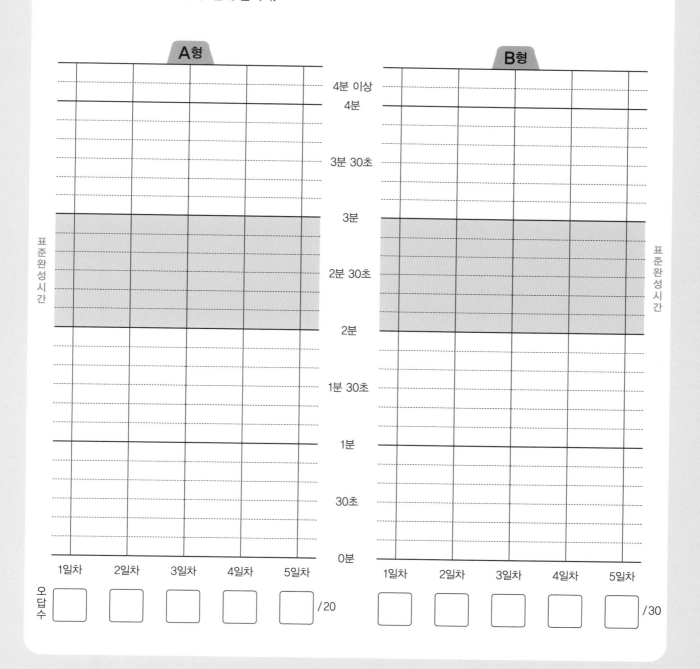

(두 자리 수)+(한 자리 수)

● 받아올림이 한 번 있는 (두 자리 수)+(한 자리 수)의 세로셈

일의 자리 숫자끼리 더하여 10이거나 10보다 크면 십의 자리로 받아올림하여 계산합니다.

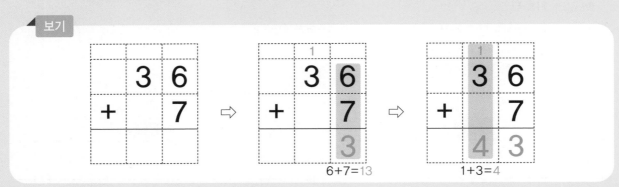

● 받아올림이 두 번 있는 (두 자리 수)+(한 자리 수)의 세로셈

일의 자리에서 받아올림한 수 1과 십의 자리 숫자를 더하여 10이면 백의 자리로 받아올림합니다.

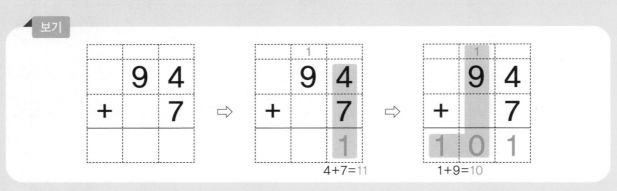

● 받아올림이 있는 (두 자리 수)+(한 자리 수)의 가로셈

받아올림이 있는 (두 자리 수)+(한 자리 수)의 가로셈을 할 때에는 (두 자리 수)를 (몇십)+(몇)
으로 가르기 하여 계산합니다.

$$45 + 8 = 53$$
40+5+8

$$9 + 63 = 72$$
9+3+60

(두 자리 수)+(한 자리 수)

★ 덧셈을 하시오.

①
```
  3 9
+   4
  4 3
```

②
```
  5 7
+   8
  6 5
```

③
```
  6 8
+   2
```

④
```
  8 6
+   5
```

⑤
```
  2 5
+   8
```

⑥
```
  7 5
+   7
```

⑦
```
  4 8
+   6
```

⑧
```
  6 9
+   2
```

⑨
```
  1 4
+   6
```

⑩
```
  9 8
+   9
```

⑪
```
    1
+ 2 9
  3 0
```

⑫
```
    3
+ 8 9
  9 2
```

⑬
```
    7
+ 5 6
```

⑭
```
    4
+ 7 7
```

⑮
```
    9
+ 3 6
```

⑯
```
    3
+ 1 8
```

⑰
```
    5
+ 7 9
```

⑱
```
    7
+ 6 3
```

⑲
```
    9
+ 4 7
```

⑳
```
    8
+ 9 4
```

(두 자리 수)+(한 자리 수)

★ 덧셈을 하시오.

① $42 + 9 =$
    40+2+9

② $28 + 5 =$
    20+8+5

③ $59 + 1 =$

④ $76 + 9 =$

⑤ $87 + 5 =$

⑥ $16 + 8 =$

⑦ $58 + 3 =$

⑧ $65 + 5 =$

⑨ $34 + 8 =$

⑩ $99 + 8 =$

⑪ $9 + 55 =$
    9+5+50

⑫ $4 + 49 =$
    4+9+40

⑬ $2 + 38 =$

⑭ $6 + 24 =$

⑮ $7 + 89 =$

⑯ $9 + 43 =$

⑰ $8 + 17 =$

⑱ $7 + 74 =$

⑲ $6 + 66 =$

⑳ $5 + 96 =$

㉑ $83 + 8 =$

㉒ $6 + 75 =$

㉓ $58 + 2 =$

㉔ $8 + 44 =$

㉕ $19 + 6 =$

㉖ $3 + 67 =$

㉗ $48 + 8 =$

㉘ $5 + 27 =$

㉙ $37 + 7 =$

㉚ $6 + 97 =$

(두 자리 수)+(한 자리 수)

★ 덧셈을 하시오.

①
```
  1
  5 9
+   8
  6 7
```

⑥
```
  1 9
+   2
```

⑪
```
    1
    7
+ 3 9
  4 6
```

⑯
```
    6
+ 5 8
```

②
```
  8 7
+   3
```

⑦
```
  4 6
+   6
```

⑫
```
    4
+ 8 8
```

⑰
```
    8
+ 2 3
```

③
```
  2 9
+   3
```

⑧
```
  6 8
+   5
```

⑬
```
    9
+ 1 1
```

⑱
```
    4
+ 8 9
```

④
```
  3 5
+   6
```

⑨
```
  7 4
+   6
```

⑭
```
    9
+ 4 9
```

⑲
```
    2
+ 7 8
```

⑤
```
  2 7
+   8
```

⑩
```
  9 9
+   5
```

⑮
```
    4
+ 6 7
```

⑳
```
    7
+ 9 6
```

(두 자리 수)+(한 자리 수)

★ 덧셈을 하시오.

① $12 + 9 =$
  $\underset{10+2+9}{}$

② $57 + 7 =$

③ $86 + 4 =$

④ $33 + 9 =$

⑤ $79 + 7 =$

⑥ $65 + 8 =$

⑦ $28 + 7 =$

⑧ $41 + 9 =$

⑨ $37 + 4 =$

⑩ $97 + 5 =$

⑪ $6 + 47 =$
  $\underset{6+7+40}{}$

⑫ $5 + 19 =$

⑬ $8 + 78 =$

⑭ $5 + 25 =$

⑮ $6 + 85 =$

⑯ $8 + 56 =$

⑰ $6 + 69 =$

⑱ $9 + 34 =$

⑲ $5 + 17 =$

⑳ $3 + 97 =$

㉑ $57 + 6 =$

㉒ $8 + 82 =$

㉓ $54 + 8 =$

㉔ $9 + 39 =$

㉕ $73 + 8 =$

㉖ $8 + 19 =$

㉗ $44 + 6 =$

㉘ $8 + 24 =$

㉙ $66 + 8 =$

㉚ $9 + 92 =$

★ 덧셈을 하시오.

①
```
  2 6
+   7
```

②
```
  4 7
+   4
```

③
```
  3 8
+   7
```

④
```
  9 9
+   1
```

⑤
```
  6 3
+   9
```

⑥
```
  8 7
+   7
```

⑦
```
  5 3
+   7
```

⑧
```
  7 9
+   4
```

⑨
```
  1 5
+   6
```

⑩
```
  4 7
+   5
```

⑪
```
    5
+ 5 8
```

⑫
```
    8
+ 1 3
```

⑬
```
    6
+ 3 9
```

⑭
```
    5
+ 4 5
```

⑮
```
    9
+ 7 5
```

⑯
```
    8
+ 2 9
```

⑰
```
    9
+ 8 3
```

⑱
```
    6
+ 6 4
```

⑲
```
    9
+ 9 7
```

⑳
```
    2
+ 3 9
```

날짜	월	일
시간	분	초
오답 수	/	30

B형

(두 자리 수)+(한 자리 수)

★ 덧셈을 하시오.

① $76 + 6 =$

② $27 + 3 =$

③ $48 + 5 =$

④ $84 + 7 =$

⑤ $18 + 4 =$

⑥ $57 + 9 =$

⑦ $91 + 9 =$

⑧ $36 + 5 =$

⑨ $65 + 9 =$

⑩ $89 + 6 =$

⑪ $7 + 15 =$

⑫ $4 + 29 =$

⑬ $2 + 88 =$

⑭ $9 + 38 =$

⑮ $8 + 93 =$

⑯ $3 + 49 =$

⑰ $7 + 68 =$

⑱ $6 + 54 =$

⑲ $2 + 29 =$

⑳ $8 + 76 =$

㉑ $48 + 2 =$

㉒ $7 + 76 =$

㉓ $64 + 8 =$

㉔ $8 + 58 =$

㉕ $27 + 4 =$

㉖ $3 + 68 =$

㉗ $98 + 7 =$

㉘ $3 + 17 =$

㉙ $86 + 6 =$

㉚ $6 + 38 =$

(두 자리 수)+(한 자리 수)

★ 덧셈을 하시오.

①
```
   3 5
 +   7
```

②
```
   2 9
 +   6
```

③
```
   5 7
 +   3
```

④
```
   7 9
 +   8
```

⑤
```
   2 4
 +   7
```

⑥
```
   9 4
 +   9
```

⑦
```
   4 9
 +   1
```

⑧
```
   6 8
 +   4
```

⑨
```
   1 9
 +   9
```

⑩
```
   8 5
 +   9
```

⑪
```
     8
 + 3 8
```

⑫
```
     9
 + 5 2
```

⑬
```
     8
 + 2 6
```

⑭
```
     4
 + 7 6
```

⑮
```
     9
 + 1 4
```

⑯
```
     7
 + 8 8
```

⑰
```
     8
 + 2 2
```

⑱
```
     6
 + 6 7
```

⑲
```
     9
 + 9 3
```

⑳
```
     5
 + 4 6
```

B형

(두 자리 수)+(한 자리 수)

★ 덧셈을 하시오.

① $72 + 9 =$

② $35 + 5 =$

③ $56 + 9 =$

④ $28 + 3 =$

⑤ $95 + 8 =$

⑥ $37 + 5 =$

⑦ $81 + 9 =$

⑧ $69 + 5 =$

⑨ $14 + 8 =$

⑩ $49 + 7 =$

⑪ $8 + 15 =$

⑫ $3 + 77 =$

⑬ $7 + 59 =$

⑭ $6 + 26 =$

⑮ $3 + 48 =$

⑯ $8 + 92 =$

⑰ $8 + 87 =$

⑱ $7 + 34 =$

⑲ $7 + 77 =$

⑳ $3 + 69 =$

㉑ $39 + 5 =$

㉒ $5 + 67 =$

㉓ $46 + 8 =$

㉔ $7 + 86 =$

㉕ $16 + 4 =$

㉖ $9 + 28 =$

㉗ $76 + 5 =$

㉘ $2 + 98 =$

㉙ $18 + 9 =$

㉚ $4 + 59 =$

★ 덧셈을 하시오.

①
```
  8 9
+   1
```

②
```
  4 5
+   8
```

③
```
  5 9
+   3
```

④
```
  1 4
+   7
```

⑤
```
  7 8
+   6
```

⑥
```
  3 8
+   5
```

⑦
```
  6 9
+   9
```

⑧
```
  9 4
+   6
```

⑨
```
  2 7
+   9
```

⑩
```
  4 9
+   8
```

⑪
```
    9
+ 9 6
```

⑫
```
    5
+ 1 5
```

⑬
```
    4
+ 5 8
```

⑭
```
    9
+ 3 2
```

⑮
```
    6
+ 7 7
```

⑯
```
    5
+ 4 9
```

⑰
```
    9
+ 5 4
```

⑱
```
    7
+ 2 3
```

⑲
```
    9
+ 8 7
```

⑳
```
    5
+ 6 6
```

날짜	월	일
시간	분	초
오답 수	/ 30	

B형

(두 자리 수)+(한 자리 수)

★ 덧셈을 하시오.

① 38 + 4 =

② 71 + 9 =

③ 17 + 7 =

④ 24 + 9 =

⑤ 97 + 4 =

⑥ 56 + 6 =

⑦ 68 + 9 =

⑧ 26 + 4 =

⑨ 43 + 8 =

⑩ 86 + 9 =

⑪ 2 + 89 =

⑫ 7 + 16 =

⑬ 3 + 47 =

⑭ 7 + 55 =

⑮ 8 + 37 =

⑯ 6 + 95 =

⑰ 8 + 68 =

⑱ 3 + 79 =

⑲ 8 + 62 =

⑳ 6 + 28 =

㉑ 64 + 7 =

㉒ 9 + 99 =

㉓ 65 + 7 =

㉔ 2 + 28 =

㉕ 17 + 9 =

㉖ 9 + 84 =

㉗ 75 + 5 =

㉘ 7 + 58 =

㉙ 38 + 3 =

㉚ 9 + 45 =

(몇십)-(몇)

● 결과 기록지

① 1~5일차 학습에 걸린 시간을 각각 재서 그래프에 점을 찍습니다.
② 점과 점을 연결하여 기록의 변화를 확인합니다.
③ 오답 수를 세어 오답 수 칸에 씁니다.

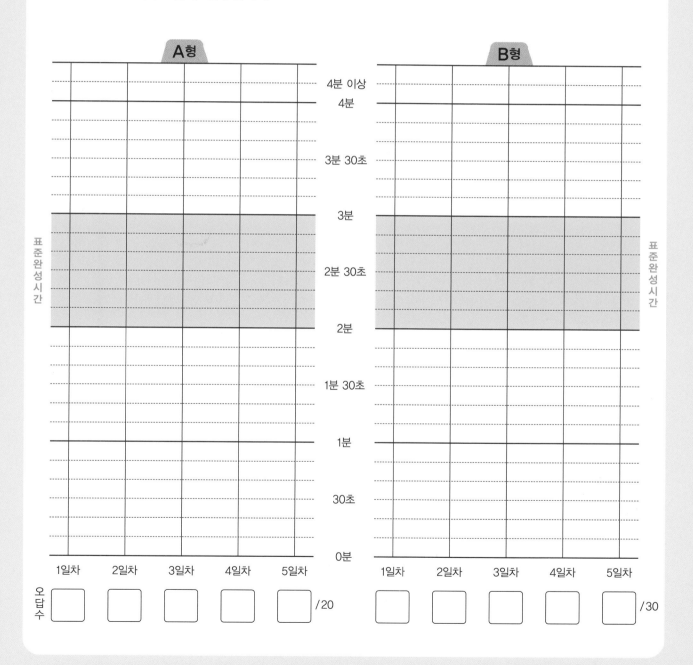

(몇십)−(몇)

● (몇십)−(몇)의 세로셈

(몇십)의 일의 자리의 숫자인 0에서 (몇)을 뺄 수 없으므로 십의 자리에서 받아내림하여 계산합니다.

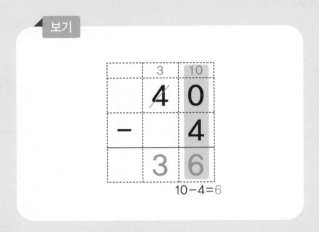

● (몇십)−(몇)의 가로셈

(몇십)−(몇)의 가로셈을 할 때에는 (몇십)을 가르기 하여 다음과 같이 계산합니다.

보기

$$30 - 8 = 22$$

20+10−8

1 일차

(몇십)−(몇)

★ 뺄셈을 하시오.

①
```
    2 0
  −   3
  1 7
```

②
```
    6 0
  −   1
  5 9
```

③
```
    5 0
  −   9
```

④
```
    4 0
  −   5
```

⑤
```
    9 0
  −   4
```

⑥
```
    6 0
  −   8
```

⑦
```
    3 0
  −   3
```

⑧
```
    8 0
  −   2
```

⑨
```
    2 0
  −   7
```

⑩
```
    7 0
  −   6
```

⑪
```
    4 0
  −   2
```

⑫
```
    7 0
  −   9
```

⑬
```
    3 0
  −   1
```

⑭
```
    5 0
  −   3
```

⑮
```
    8 0
  −   4
```

⑯
```
    7 0
  −   1
```

⑰
```
    6 0
  −   7
```

⑱
```
    2 0
  −   5
```

⑲
```
    3 0
  −   6
```

⑳
```
    9 0
  −   8
```

B형

(몇십)-(몇)

★ 뺄셈을 하시오.

① 50 - 6 =
40 + 10 - 6

② 30 - 5 =
20 + 10 - 5

③ 90 - 1 =

④ 80 - 8 =

⑤ 40 - 9 =

⑥ 20 - 2 =

⑦ 60 - 3 =

⑧ 80 - 5 =

⑨ 40 - 7 =

⑩ 70 - 4 =

⑪ 90 - 9 =

⑫ 80 - 6 =

⑬ 40 - 8 =

⑭ 30 - 7 =

⑮ 50 - 1 =

⑯ 90 - 3 =

⑰ 70 - 2 =

⑱ 20 - 4 =

⑲ 50 - 7 =

⑳ 60 - 5 =

㉑ 60 - 2 =

㉒ 30 - 8 =

㉓ 90 - 6 =

㉔ 40 - 4 =

㉕ 20 - 9 =

㉖ 70 - 8 =

㉗ 80 - 7 =

㉘ 50 - 5 =

㉙ 70 - 3 =

㉚ 20 - 1 =

2일차

(몇십)-(몇)

★ 뺄셈을 하시오.

①
```
  6 10
  7 0
-   5
  6 5
```

②
```
  4 0
-   3
```

③
```
  2 0
-   6
```

④
```
  9 0
-   7
```

⑤
```
  6 0
-   4
```

⑥
```
  9 0
-   2
```

⑦
```
  5 0
-   8
```

⑧
```
  8 0
-   1
```

⑨
```
  4 0
-   6
```

⑩
```
  3 0
-   9
```

⑪
```
  8 0
-   3
```

⑫
```
  3 0
-   2
```

⑬
```
  7 0
-   7
```

⑭
```
  6 0
-   9
```

⑮
```
  4 0
-   1
```

⑯
```
  6 0
-   6
```

⑰
```
  9 0
-   5
```

⑱
```
  2 0
-   8
```

⑲
```
  3 0
-   4
```

⑳
```
  5 0
-   2
```

날짜	월	일
시간	분	초
오답 수	/ 30	

(몇십)-(몇)

★ 뺄셈을 하시오.

① 70 - 3 =

    60+10-3

② 50 - 4 =

③ 80 - 9 =

④ 20 - 1 =

⑤ 40 - 5 =

⑥ 90 - 2 =

⑦ 80 - 4 =

⑧ 50 - 8 =

⑨ 60 - 6 =

⑩ 30 - 7 =

⑪ 20 - 9 =

⑫ 90 - 4 =

⑬ 40 - 8 =

⑭ 60 - 2 =

⑮ 30 - 3 =

⑯ 50 - 7 =

⑰ 80 - 1 =

⑱ 60 - 9 =

⑲ 70 - 5 =

⑳ 20 - 6 =

㉑ 80 - 8 =

㉒ 40 - 1 =

㉓ 60 - 5 =

㉔ 70 - 6 =

㉕ 80 - 3 =

㉖ 30 - 4 =

㉗ 90 - 7 =

㉘ 20 - 2 =

㉙ 70 - 1 =

㉚ 50 - 9 =

(몇십)–(몇)

★ 뺄셈을 하시오.

①
```
  2 0
-   3
```

⑥
```
  3 0
-   8
```

⑪
```
  9 0
-   3
```

⑯
```
  6 0
-   7
```

②
```
  5 0
-   1
```

⑦
```
  9 0
-   6
```

⑫
```
  4 0
-   4
```

⑰
```
  3 0
-   1
```

③
```
  8 0
-   5
```

⑧
```
  7 0
-   7
```

⑬
```
  5 0
-   6
```

⑱
```
  2 0
-   5
```

④
```
  9 0
-   9
```

⑨
```
  5 0
-   5
```

⑭
```
  3 0
-   9
```

⑲
```
  8 0
-   2
```

⑤
```
  6 0
-   4
```

⑩
```
  4 0
-   2
```

⑮
```
  7 0
-   8
```

⑳
```
  4 0
-   6
```

(몇십)-(몇)

★ 뺄셈을 하시오.

① $30 - 2 =$

② $90 - 5 =$

③ $40 - 3 =$

④ $60 - 1 =$

⑤ $70 - 9 =$

⑥ $20 - 4 =$

⑦ $50 - 3 =$

⑧ $40 - 7 =$

⑨ $80 - 6 =$

⑩ $90 - 8 =$

⑪ $60 - 3 =$

⑫ $20 - 8 =$

⑬ $50 - 4 =$

⑭ $80 - 7 =$

⑮ $30 - 6 =$

⑯ $40 - 9 =$

⑰ $90 - 1 =$

⑱ $70 - 4 =$

⑲ $50 - 2 =$

⑳ $30 - 5 =$

㉑ $80 - 9 =$

㉒ $30 - 3 =$

㉓ $70 - 2 =$

㉔ $60 - 8 =$

㉕ $20 - 7 =$

㉖ $90 - 4 =$

㉗ $50 - 5 =$

㉘ $80 - 8 =$

㉙ $60 - 6 =$

㉚ $40 - 1 =$

4일차

(몇십)−(몇)

● 표준완성시간 : 2~3분

날짜	월	일
시간	분	초
오답 수	/	20

A형

★ 뺄셈을 하시오.

①
$$\begin{array}{r} 5\ 0 \\ -\quad 3 \\ \hline \end{array}$$

②
$$\begin{array}{r} 4\ 0 \\ -\quad 4 \\ \hline \end{array}$$

③
$$\begin{array}{r} 6\ 0 \\ -\quad 5 \\ \hline \end{array}$$

④
$$\begin{array}{r} 3\ 0 \\ -\quad 7 \\ \hline \end{array}$$

⑤
$$\begin{array}{r} 8\ 0 \\ -\quad 1 \\ \hline \end{array}$$

⑥
$$\begin{array}{r} 7\ 0 \\ -\quad 8 \\ \hline \end{array}$$

⑦
$$\begin{array}{r} 9\ 0 \\ -\quad 6 \\ \hline \end{array}$$

⑧
$$\begin{array}{r} 8\ 0 \\ -\quad 7 \\ \hline \end{array}$$

⑨
$$\begin{array}{r} 2\ 0 \\ -\quad 2 \\ \hline \end{array}$$

⑩
$$\begin{array}{r} 6\ 0 \\ -\quad 9 \\ \hline \end{array}$$

⑪
$$\begin{array}{r} 6\ 0 \\ -\quad 2 \\ \hline \end{array}$$

⑫
$$\begin{array}{r} 3\ 0 \\ -\quad 4 \\ \hline \end{array}$$

⑬
$$\begin{array}{r} 8\ 0 \\ -\quad 3 \\ \hline \end{array}$$

⑭
$$\begin{array}{r} 9\ 0 \\ -\quad 7 \\ \hline \end{array}$$

⑮
$$\begin{array}{r} 4\ 0 \\ -\quad 5 \\ \hline \end{array}$$

⑯
$$\begin{array}{r} 8\ 0 \\ -\quad 9 \\ \hline \end{array}$$

⑰
$$\begin{array}{r} 7\ 0 \\ -\quad 1 \\ \hline \end{array}$$

⑱
$$\begin{array}{r} 3\ 0 \\ -\quad 2 \\ \hline \end{array}$$

⑲
$$\begin{array}{r} 5\ 0 \\ -\quad 6 \\ \hline \end{array}$$

⑳
$$\begin{array}{r} 2\ 0 \\ -\quad 8 \\ \hline \end{array}$$

B형

날짜	월	일
시간	분	초
오답 수	/ 30	

(몇십)-(몇)

★ 뺄셈을 하시오.

① 20 - 4 =

② 40 - 7 =

③ 90 - 9 =

④ 80 - 6 =

⑤ 60 - 3 =

⑥ 30 - 1 =

⑦ 50 - 8 =

⑧ 70 - 5 =

⑨ 20 - 9 =

⑩ 90 - 2 =

⑪ 60 - 7 =

⑫ 20 - 6 =

⑬ 40 - 8 =

⑭ 50 - 1 =

⑮ 80 - 2 =

⑯ 70 - 7 =

⑰ 60 - 4 =

⑱ 90 - 3 =

⑲ 30 - 5 =

⑳ 50 - 9 =

㉑ 30 - 6 =

㉒ 40 - 2 =

㉓ 70 - 3 =

㉔ 80 - 4 =

㉕ 90 - 8 =

㉖ 60 - 1 =

㉗ 40 - 9 =

㉘ 70 - 2 =

㉙ 50 - 7 =

㉚ 20 - 5 =

(몇십)-(몇)

★ 뺄셈을 하시오.

①
```
    8 0
  -   5
```

②
```
    9 0
  -   1
```

③
```
    7 0
  -   4
```

④
```
    4 0
  -   6
```

⑤
```
    3 0
  -   9
```

⑥
```
    4 0
  -   3
```

⑦
```
    6 0
  -   8
```

⑧
```
    2 0
  -   7
```

⑨
```
    9 0
  -   5
```

⑩
```
    5 0
  -   2
```

⑪
```
    7 0
  -   9
```

⑫
```
    6 0
  -   2
```

⑬
```
    2 0
  -   1
```

⑭
```
    3 0
  -   8
```

⑮
```
    9 0
  -   3
```

⑯
```
    8 0
  -   7
```

⑰
```
    2 0
  -   3
```

⑱
```
    7 0
  -   6
```

⑲
```
    5 0
  -   4
```

⑳
```
    4 0
  -   5
```

(몇십)-(몇)

★ 뺄셈을 하시오.

① $90 - 4 =$

② $30 - 3 =$

③ $40 - 2 =$

④ $60 - 6 =$

⑤ $50 - 5 =$

⑥ $70 - 1 =$

⑦ $60 - 4 =$

⑧ $30 - 7 =$

⑨ $20 - 9 =$

⑩ $80 - 8 =$

⑪ $40 - 1 =$

⑫ $50 - 9 =$

⑬ $20 - 4 =$

⑭ $80 - 6 =$

⑮ $60 - 7 =$

⑯ $90 - 2 =$

⑰ $80 - 9 =$

⑱ $50 - 3 =$

⑲ $70 - 8 =$

⑳ $30 - 5 =$

㉑ $70 - 6 =$

㉒ $20 - 5 =$

㉓ $60 - 9 =$

㉔ $90 - 7 =$

㉕ $70 - 3 =$

㉖ $30 - 6 =$

㉗ $20 - 8 =$

㉘ $40 - 4 =$

㉙ $80 - 2 =$

㉚ $50 - 1 =$

(두 자리 수)-(한 자리 수)

● **결과 기록지**

① 1~5일차 학습에 걸린 시간을 각각 재서 그래프에 점을 찍습니다.
② 점과 점을 연결하여 기록의 변화를 확인합니다.
③ 오답 수를 세어 오답 수 칸에 씁니다.

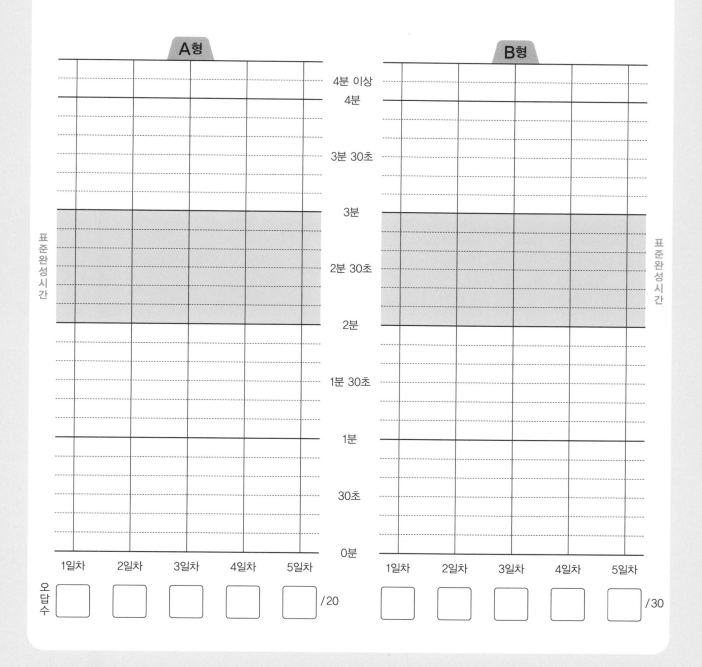

(두 자리 수)-(한 자리 수)

● 받아내림이 있는 (두 자리 수)-(한 자리 수)의 세로셈

받아내림이 있는 (두 자리 수)-(한 자리 수)에서 일의 자리 숫자끼리 뺄 수 없을 때에는 십의
자리에서 받아내림하여 계산합니다.

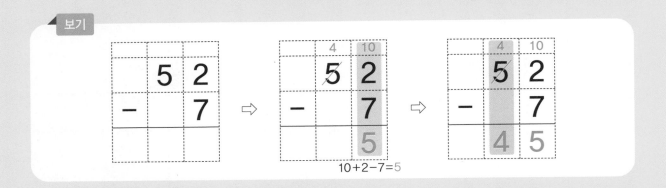

● 받아내림이 있는 (두 자리 수)-(한 자리 수)의 가로셈

받아내림이 있는 (두 자리 수)-(한 자리 수)의 가로셈을 할 때에는 빼어지는 수를 가르기 하여
다음과 같이 계산합니다.

보기

$$52 - 7 = 45$$

$$40 + \underset{12-7}{}$$

(두 자리 수)–(한 자리 수)

★ 뺄셈을 하시오.

①
$$\begin{array}{r} {}^{7}\!\!\!\!/8\ {}^{10}2 \\ -\quad 3 \\ \hline 7\ 9 \end{array}$$

②
$$\begin{array}{r} {}^{1}\!\!\!\!/2\ {}^{10}0 \\ -\quad 2 \\ \hline 1\ 8 \end{array}$$

③
$$\begin{array}{r} 7\ 5 \\ -\quad 6 \\ \hline \end{array}$$

④
$$\begin{array}{r} 4\ 8 \\ -\quad 9 \\ \hline \end{array}$$

⑤
$$\begin{array}{r} 9\ 4 \\ -\quad 8 \\ \hline \end{array}$$

⑥
$$\begin{array}{r} 6\ 1 \\ -\quad 4 \\ \hline \end{array}$$

⑦
$$\begin{array}{r} 4\ 2 \\ -\quad 7 \\ \hline \end{array}$$

⑧
$$\begin{array}{r} 3\ 6 \\ -\quad 8 \\ \hline \end{array}$$

⑨
$$\begin{array}{r} 8\ 3 \\ -\quad 6 \\ \hline \end{array}$$

⑩
$$\begin{array}{r} 5\ 0 \\ -\quad 7 \\ \hline \end{array}$$

⑪
$$\begin{array}{r} 4\ 0 \\ -\quad 4 \\ \hline \end{array}$$

⑫
$$\begin{array}{r} 2\ 4 \\ -\quad 5 \\ \hline \end{array}$$

⑬
$$\begin{array}{r} 7\ 5 \\ -\quad 7 \\ \hline \end{array}$$

⑭
$$\begin{array}{r} 3\ 1 \\ -\quad 2 \\ \hline \end{array}$$

⑮
$$\begin{array}{r} 7\ 3 \\ -\quad 9 \\ \hline \end{array}$$

⑯
$$\begin{array}{r} 2\ 1 \\ -\quad 7 \\ \hline \end{array}$$

⑰
$$\begin{array}{r} 9\ 2 \\ -\quad 4 \\ \hline \end{array}$$

⑱
$$\begin{array}{r} 6\ 0 \\ -\quad 5 \\ \hline \end{array}$$

⑲
$$\begin{array}{r} 5\ 3 \\ -\quad 7 \\ \hline \end{array}$$

⑳
$$\begin{array}{r} 8\ 7 \\ -\quad 9 \\ \hline \end{array}$$

날짜	월	일
시간	분	초
오답 수	/ 30	

B형

(두 자리 수)−(한 자리 수)

★ 뺄셈을 하시오.

① $22 - 8 =$

$10+12-8$

② $91 - 9 =$

$80+11-9$

③ $65 - 8 =$

④ $30 - 1 =$

⑤ $84 - 9 =$

⑥ $63 - 7 =$

⑦ $72 - 6 =$

⑧ $41 - 3 =$

⑨ $56 - 9 =$

⑩ $90 - 4 =$

⑪ $70 - 6 =$

⑫ $33 - 4 =$

⑬ $67 - 9 =$

⑭ $51 - 5 =$

⑮ $54 - 7 =$

⑯ $32 - 9 =$

⑰ $43 - 8 =$

⑱ $95 - 6 =$

⑲ $80 - 8 =$

⑳ $28 - 9 =$

㉑ $34 - 6 =$

㉒ $40 - 3 =$

㉓ $52 - 4 =$

㉔ $26 - 7 =$

㉕ $81 - 8 =$

㉖ $42 - 5 =$

㉗ $85 - 9 =$

㉘ $60 - 9 =$

㉙ $71 - 6 =$

㉚ $93 - 5 =$

표준완성시간 : 2~3분

날짜	월	일
시간	분	초
오답 수	/ 20	

A형

★ 뺄셈을 하시오.

①
```
    1  10
    2  3
 -     5
    1  8
```

②
```
    8  0
 -     1
```

③
```
    7  2
 -     8
```

④
```
    6  1
 -     3
```

⑤
```
    4  5
 -     8
```

⑥
```
    6  2
 -     6
```

⑦
```
    7  1
 -     9
```

⑧
```
    3  6
 -     7
```

⑨
```
    5  0
 -     8
```

⑩
```
    9  4
 -     5
```

⑪
```
    5  7
 -     9
```

⑫
```
    4  4
 -     7
```

⑬
```
    3  0
 -     6
```

⑭
```
    7  6
 -     9
```

⑮
```
    2  1
 -     6
```

⑯
```
    9  1
 -     8
```

⑰
```
    2  5
 -     9
```

⑱
```
    6  2
 -     5
```

⑲
```
    8  3
 -     8
```

⑳
```
    9  0
 -     3
```

(두 자리 수)-(한 자리 수)

★ 뺄셈을 하시오.

① $37 - 8 =$
　　$20 + 17 - 8$

② $81 - 9 =$

③ $54 - 5 =$

④ $20 - 7 =$

⑤ $92 - 3 =$

⑥ $53 - 4 =$

⑦ $64 - 8 =$

⑧ $70 - 2 =$

⑨ $43 - 6 =$

⑩ $31 - 7 =$

⑪ $35 - 6 =$

⑫ $52 - 9 =$

⑬ $20 - 3 =$

⑭ $81 - 5 =$

⑮ $46 - 8 =$

⑯ $82 - 7 =$

⑰ $90 - 6 =$

⑱ $44 - 9 =$

⑲ $71 - 4 =$

⑳ $63 - 9 =$

㉑ $51 - 3 =$

㉒ $40 - 9 =$

㉓ $74 - 6 =$

㉔ $26 - 9 =$

㉕ $62 - 4 =$

㉖ $70 - 5 =$

㉗ $61 - 2 =$

㉘ $93 - 7 =$

㉙ $35 - 7 =$

㉚ $82 - 6 =$

3일차

(두 자리 수)–(한 자리 수)

표준완성시간 : 2~3분

날짜	월	일
시간	분	초
오답 수	/ 20	

A형

★ 뺄셈을 하시오.

①
```
  4 1
-   8
```

②
```
  6 6
-   7
```

③
```
  3 0
-   2
```

④
```
  9 7
-   8
```

⑤
```
  5 5
-   7
```

⑥
```
  8 0
-   7
```

⑦
```
  7 4
-   8
```

⑧
```
  9 2
-   5
```

⑨
```
  2 3
-   8
```

⑩
```
  5 8
-   9
```

⑪
```
  2 1
-   2
```

⑫
```
  7 2
-   7
```

⑬
```
  6 5
-   9
```

⑭
```
  4 3
-   4
```

⑮
```
  5 0
-   9
```

⑯
```
  8 4
-   7
```

⑰
```
  6 0
-   4
```

⑱
```
  3 3
-   5
```

⑲
```
  5 1
-   6
```

⑳
```
  9 2
-   8
```

(두 자리 수)−(한 자리 수)

★ 뺄셈을 하시오.

① $20 - 8 =$

② $83 - 9 =$

③ $31 - 5 =$

④ $22 - 6 =$

⑤ $64 - 6 =$

⑥ $41 - 7 =$

⑦ $80 - 4 =$

⑧ $96 - 9 =$

⑨ $74 - 7 =$

⑩ $52 - 3 =$

⑪ $76 - 8 =$

⑫ $60 - 1 =$

⑬ $35 - 8 =$

⑭ $81 - 4 =$

⑮ $52 - 7 =$

⑯ $63 - 6 =$

⑰ $94 - 9 =$

⑱ $47 - 9 =$

⑲ $21 - 8 =$

⑳ $70 - 3 =$

㉑ $30 - 5 =$

㉒ $72 - 4 =$

㉓ $23 - 7 =$

㉔ $54 - 8 =$

㉕ $91 - 3 =$

㉖ $42 - 9 =$

㉗ $63 - 5 =$

㉘ $50 - 6 =$

㉙ $41 - 9 =$

㉚ $85 - 6 =$

(두 자리 수)−(한 자리 수)

★ 뺄셈을 하시오.

①
```
  3 3
-   6
```

②
```
  9 0
-   7
```

③
```
  7 5
-   9
```

④
```
  5 2
-   5
```

⑤
```
  9 1
-   6
```

⑥
```
  7 7
-   9
```

⑦
```
  2 4
-   6
```

⑧
```
  6 6
-   8
```

⑨
```
  8 1
-   2
```

⑩
```
  4 3
-   9
```

⑪
```
  5 6
-   7
```

⑫
```
  4 0
-   2
```

⑬
```
  2 2
-   9
```

⑭
```
  8 5
-   8
```

⑮
```
  5 1
-   7
```

⑯
```
  6 1
-   5
```

⑰
```
  7 4
-   9
```

⑱
```
  9 8
-   9
```

⑲
```
  6 3
-   4
```

⑳
```
  3 2
-   8
```

● 표준완성시간 : 2~3분

날짜	월	일
시간	분	초
오답 수	/ 30	

(두 자리 수)−(한 자리 수)

★ 뺄셈을 하시오.

① $21 - 9 =$

② $56 - 8 =$

③ $75 - 8 =$

④ $82 - 4 =$

⑤ $43 - 5 =$

⑥ $67 - 8 =$

⑦ $71 - 3 =$

⑧ $34 - 7 =$

⑨ $95 - 9 =$

⑩ $40 - 1 =$

⑪ $42 - 6 =$

⑫ $93 - 9 =$

⑬ $51 - 4 =$

⑭ $27 - 9 =$

⑮ $76 - 7 =$

⑯ $80 - 5 =$

⑰ $62 - 8 =$

⑱ $34 - 5 =$

⑲ $71 - 8 =$

⑳ $33 - 7 =$

㉑ $41 - 5 =$

㉒ $78 - 9 =$

㉓ $92 - 7 =$

㉔ $84 - 8 =$

㉕ $33 - 8 =$

㉖ $62 - 3 =$

㉗ $55 - 6 =$

㉘ $86 - 9 =$

㉙ $60 - 8 =$

㉚ $25 - 7 =$

★ 뺄셈을 하시오.

①
```
  4 4
-   5
```

②
```
  8 1
-   6
```

③
```
  6 5
-   7
```

④
```
  7 3
-   6
```

⑤
```
  2 2
-   3
```

⑥
```
  3 1
-   4
```

⑦
```
  5 4
-   6
```

⑧
```
  9 6
-   7
```

⑨
```
  3 0
-   9
```

⑩
```
  5 2
-   6
```

⑪
```
  3 4
-   9
```

⑫
```
  8 7
-   8
```

⑬
```
  2 2
-   5
```

⑭
```
  9 3
-   4
```

⑮
```
  6 1
-   7
```

⑯
```
  6 2
-   9
```

⑰
```
  7 0
-   4
```

⑱
```
  2 5
-   6
```

⑲
```
  4 1
-   2
```

⑳
```
  5 3
-   8
```

B형

날짜	월	일
시간	분	초
오답 수	/	30

(두 자리 수)–(한 자리 수)

★ 뺄셈을 하시오.

① 32 − 5 =

② 84 − 6 =

③ 38 − 9 =

④ 40 − 7 =

⑤ 95 − 8 =

⑥ 73 − 7 =

⑦ 52 − 8 =

⑧ 21 − 4 =

⑨ 86 − 8 =

⑩ 62 − 7 =

⑪ 23 − 6 =

⑫ 61 − 8 =

⑬ 35 − 9 =

⑭ 42 − 3 =

⑮ 94 − 7 =

⑯ 51 − 9 =

⑰ 71 − 5 =

⑱ 53 − 9 =

⑲ 80 − 2 =

⑳ 63 − 8 =

㉑ 77 − 8 =

㉒ 95 − 7 =

㉓ 61 − 9 =

㉔ 50 − 5 =

㉕ 22 − 4 =

㉖ 84 − 5 =

㉗ 24 − 8 =

㉘ 31 − 3 =

㉙ 46 − 9 =

㉚ 83 − 5 =

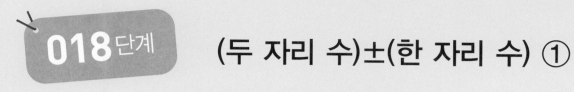

(두 자리 수)±(한 자리 수) ①

018단계

● 결과 기록지

① 1~5일차 학습에 걸린 시간을 각각 재서 그래프에 점을 찍습니다.
② 점과 점을 연결하여 기록의 변화를 확인합니다.
③ 오답 수를 세어 오답 수 칸에 씁니다.

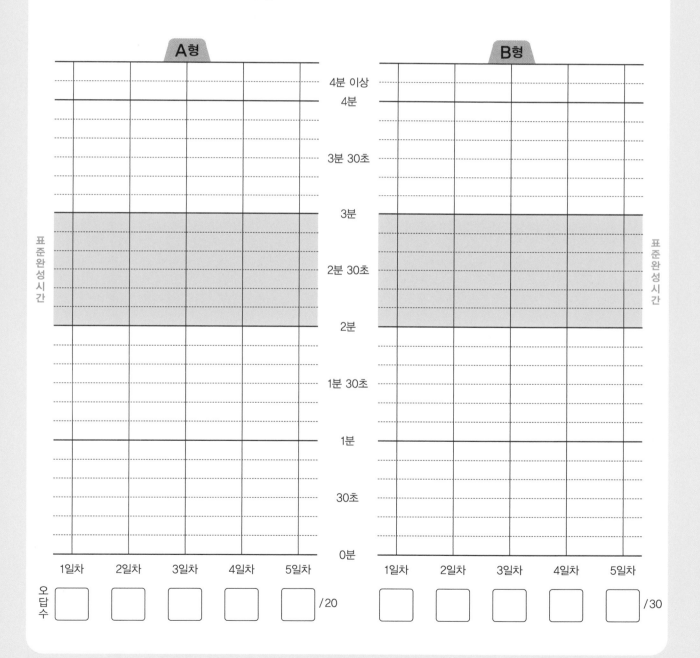

(두 자리 수)±(한 자리 수) ①

● 받아올림이 있는 (두 자리 수)+(한 자리 수)

일의 자리 숫자끼리 더하여 10이거나 10보다 크면 십의 자리로 받아올림하여 계산합니다. 일의 자리에서 받아올림한 수 1과 십의 자리 숫자를 더하여 10이면 백의 자리로 받아올림합니다.

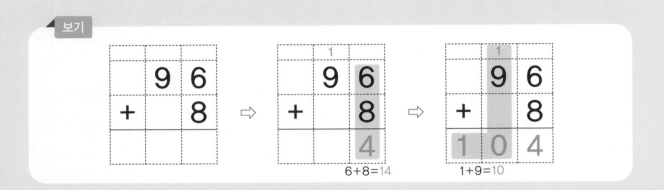

● 받아내림이 있는 (두 자리 수)-(한 자리 수)

일의 자리 숫자끼리 뺄 수 없을 때에는 십의 자리에서 받아내림하여 계산합니다.

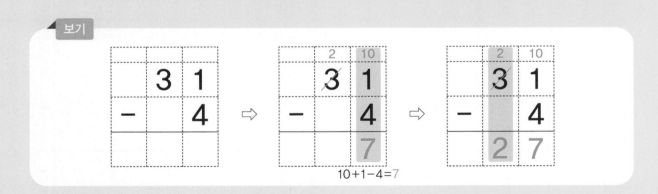

1일차

(두 자리 수)±(한 자리 수) ①

● 표준완성시간 : 2~3분

날짜	월	일
시간	분	초
오답 수	/ 20	

★ 계산을 하시오.

①
```
    7 6
 +    6
```

②
```
    1 8
 +    2
```

③
```
    2 9
 +    5
```

④
```
    4 5
 +    6
```

⑤
```
    6 7
 +    9
```

⑥
```
      7
 +  3 6
```

⑦
```
      6
 +  9 9
```

⑧
```
      9
 +  5 8
```

⑨
```
      3
 +  2 7
```

⑩
```
      9
 +  8 2
```

⑪
```
    5 0
 -    1
```

⑫
```
    4 4
 -    6
```

⑬
```
    7 2
 -    5
```

⑭
```
    9 6
 -    8
```

⑮
```
    7 1
 -    7
```

⑯
```
    3 3
 -    9
```

⑰
```
    6 7
 -    8
```

⑱
```
    8 1
 -    3
```

⑲
```
    5 5
 -    8
```

⑳
```
    2 0
 -    6
```

(두 자리 수)±(한 자리 수) ①

★ 계산을 하시오.

① $96 + 8 =$

② $39 + 1 =$

③ $48 + 4 =$

④ $19 + 7 =$

⑤ $63 + 8 =$

⑥ $7 + 78 =$

⑦ $4 + 56 =$

⑧ $9 + 44 =$

⑨ $5 + 87 =$

⑩ $7 + 24 =$

⑪ $53 - 5 =$

⑫ $30 - 8 =$

⑬ $71 - 2 =$

⑭ $44 - 8 =$

⑮ $92 - 6 =$

⑯ $25 - 6 =$

⑰ $43 - 7 =$

⑱ $68 - 9 =$

⑲ $82 - 8 =$

⑳ $90 - 5 =$

㉑ $35 + 8 =$

㉒ $26 - 9 =$

㉓ $89 + 9 =$

㉔ $41 - 6 =$

㉕ $53 + 9 =$

㉖ $72 - 3 =$

㉗ $2 + 68 =$

㉘ $80 - 3 =$

㉙ $9 + 16 =$

㉚ $94 - 5 =$

★ 계산을 하시오.

①
```
  6 4
+   8
```

⑥
```
    4
+ 1 7
```

⑪
```
  2 1
-   5
```

⑯
```
  8 6
-   7
```

②
```
  4 7
+   3
```

⑦
```
    8
+ 8 6
```

⑫
```
  4 5
-   9
```

⑰
```
  7 0
-   7
```

③
```
  5 8
+   8
```

⑧
```
    6
+ 7 7
```

⑬
```
  2 2
-   7
```

⑱
```
  5 4
-   9
```

④
```
  2 5
+   9
```

⑨
```
    9
+ 3 3
```

⑭
```
  6 0
-   2
```

⑲
```
  3 2
-   4
```

⑤
```
  9 8
+   3
```

⑩
```
    5
+ 5 5
```

⑮
```
  9 3
-   4
```

⑳
```
  3 1
-   9
```

(두 자리 수)±(한 자리 수) ①

★ 계산을 하시오.

① $97 + 5 =$

② $42 + 9 =$

③ $26 + 4 =$

④ $46 + 8 =$

⑤ $69 + 7 =$

⑥ $3 + 59 =$

⑦ $8 + 75 =$

⑧ $1 + 19 =$

⑨ $7 + 34 =$

⑩ $8 + 87 =$

⑪ $40 - 4 =$

⑫ $25 - 7 =$

⑬ $82 - 5 =$

⑭ $31 - 8 =$

⑮ $64 - 5 =$

⑯ $26 - 8 =$

⑰ $50 - 2 =$

⑱ $93 - 6 =$

⑲ $72 - 9 =$

⑳ $91 - 4 =$

㉑ $37 + 7 =$

㉒ $97 - 9 =$

㉓ $73 + 7 =$

㉔ $51 - 5 =$

㉕ $64 + 9 =$

㉖ $43 - 8 =$

㉗ $6 + 95 =$

㉘ $70 - 9 =$

㉙ $8 + 39 =$

㉚ $64 - 7 =$

(두 자리 수)±(한 자리 수) ①

★ 계산을 하시오.

①
```
    6 7
  +   8
```

⑥
```
      8
  + 3 2
```

⑪
```
    7 8
  -   9
```

⑯
```
    2 3
  -   9
```

②
```
    4 9
  +   2
```

⑦
```
      9
  + 9 5
```

⑫
```
    3 4
  -   7
```

⑰
```
    4 0
  -   6
```

③
```
    7 8
  +   4
```

⑧
```
      5
  + 1 8
```

⑬
```
    8 2
  -   6
```

⑱
```
    9 1
  -   3
```

④
```
    2 1
  +   9
```

⑨
```
      8
  + 6 9
```

⑭
```
    6 0
  -   3
```

⑲
```
    6 5
  -   6
```

⑤
```
    8 8
  +   8
```

⑩
```
      4
  + 5 7
```

⑮
```
    7 3
  -   5
```

⑳
```
    5 7
  -   9
```

(두 자리 수)±(한 자리 수) ①

★ 계산을 하시오.

① $77 + 5 =$

② $69 + 1 =$

③ $84 + 9 =$

④ $48 + 7 =$

⑤ $26 + 5 =$

⑥ $9 + 13 =$

⑦ $6 + 59 =$

⑧ $4 + 96 =$

⑨ $6 + 37 =$

⑩ $9 + 79 =$

⑪ $30 - 7 =$

⑫ $55 - 9 =$

⑬ $42 - 8 =$

⑭ $81 - 4 =$

⑮ $74 - 8 =$

⑯ $63 - 4 =$

⑰ $61 - 6 =$

⑱ $83 - 7 =$

⑲ $92 - 9 =$

⑳ $20 - 1 =$

㉑ $84 + 8 =$

㉒ $52 - 4 =$

㉓ $75 + 5 =$

㉔ $90 - 8 =$

㉕ $15 + 9 =$

㉖ $36 - 7 =$

㉗ $3 + 48 =$

㉘ $84 - 6 =$

㉙ $8 + 65 =$

㉚ $21 - 7 =$

(두 자리 수)±(한 자리 수) ①

★ 계산을 하시오.

①
```
  8 5
+   6
```

②
```
  4 7
+   9
```

③
```
  1 3
+   7
```

④
```
  7 9
+   8
```

⑤
```
  3 8
+   6
```

⑥
```
    9
+ 5 4
```

⑦
```
    2
+ 9 8
```

⑧
```
    6
+ 6 6
```

⑨
```
    9
+ 2 6
```

⑩
```
    8
+ 4 3
```

⑪
```
  6 4
-   9
```

⑫
```
  8 2
-   7
```

⑬
```
  3 0
-   4
```

⑭
```
  4 6
-   9
```

⑮
```
  5 1
-   8
```

⑯
```
  9 1
-   2
```

⑰
```
  5 3
-   6
```

⑱
```
  2 7
-   8
```

⑲
```
  8 0
-   5
```

⑳
```
  7 5
-   7
```

날짜	월	일
시간	분	초
오답 수	/ 30	

● 표준완성시간 : 2~3분

(두 자리 수)±(한 자리 수) ①

★ 계산을 하시오.

① $39 + 3 =$

② $43 + 7 =$

③ $79 + 5 =$

④ $97 + 4 =$

⑤ $74 + 9 =$

⑥ $7 + 28 =$

⑦ $6 + 14 =$

⑧ $8 + 89 =$

⑨ $7 + 66 =$

⑩ $2 + 59 =$

⑪ $21 - 3 =$

⑫ $54 - 5 =$

⑬ $93 - 8 =$

⑭ $80 - 9 =$

⑮ $56 - 8 =$

⑯ $32 - 3 =$

⑰ $61 - 5 =$

⑱ $77 - 9 =$

⑲ $40 - 2 =$

⑳ $25 - 8 =$

㉑ $88 + 2 =$

㉒ $32 - 6 =$

㉓ $27 + 7 =$

㉔ $60 - 6 =$

㉕ $59 + 9 =$

㉖ $74 - 7 =$

㉗ $9 + 37 =$

㉘ $93 - 5 =$

㉙ $5 + 47 =$

㉚ $51 - 9 =$

★ 계산을 하시오.

①
```
   2 8
 +   8
```

②
```
   8 9
 +   2
```

③
```
   5 5
 +   7
```

④
```
   6 8
 +   6
```

⑤
```
   3 4
 +   6
```

⑥
```
     9
 + 7 8
```

⑦
```
     7
 + 9 3
```

⑧
```
     6
 + 1 7
```

⑨
```
     3
 + 8 8
```

⑩
```
     6
 + 4 9
```

⑪
```
   5 0
 -   3
```

⑫
```
   9 5
 -   8
```

⑬
```
   6 2
 -   9
```

⑭
```
   5 1
 -   2
```

⑮
```
   7 3
 -   6
```

⑯
```
   8 1
 -   7
```

⑰
```
   2 4
 -   9
```

⑱
```
   3 2
 -   5
```

⑲
```
   9 0
 -   9
```

⑳
```
   4 6
 -   7
```

● 표준완성시간 : 2~3분

(두 자리 수)±(한 자리 수) ①

★ 계산을 하시오.

① $86 + 6 =$

② $29 + 7 =$

③ $12 + 8 =$

④ $68 + 3 =$

⑤ $56 + 8 =$

⑥ $8 + 45 =$

⑦ $3 + 79 =$

⑧ $9 + 31 =$

⑨ $6 + 55 =$

⑩ $9 + 16 =$

⑪ $92 - 4 =$

⑫ $48 - 9 =$

⑬ $20 - 4 =$

⑭ $73 - 7 =$

⑮ $34 - 8 =$

⑯ $55 - 6 =$

⑰ $62 - 7 =$

⑱ $41 - 4 =$

⑲ $83 - 9 =$

⑳ $70 - 5 =$

㉑ $68 + 7 =$

㉒ $56 - 9 =$

㉓ $94 + 7 =$

㉔ $71 - 8 =$

㉕ $27 + 9 =$

㉖ $47 - 8 =$

㉗ $5 + 35 =$

㉘ $60 - 7 =$

㉙ $4 + 98 =$

㉚ $85 - 7 =$

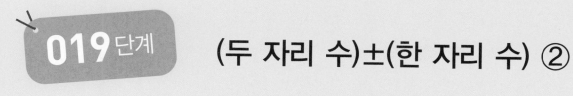

(두 자리 수)±(한 자리 수) ②

● 결과 기록지

① 1~5일차 학습에 걸린 시간을 각각 재서 그래프에 점을 찍습니다.
② 점과 점을 연결하여 기록의 변화를 확인합니다.
③ 오답 수를 세어 오답 수 칸에 씁니다.

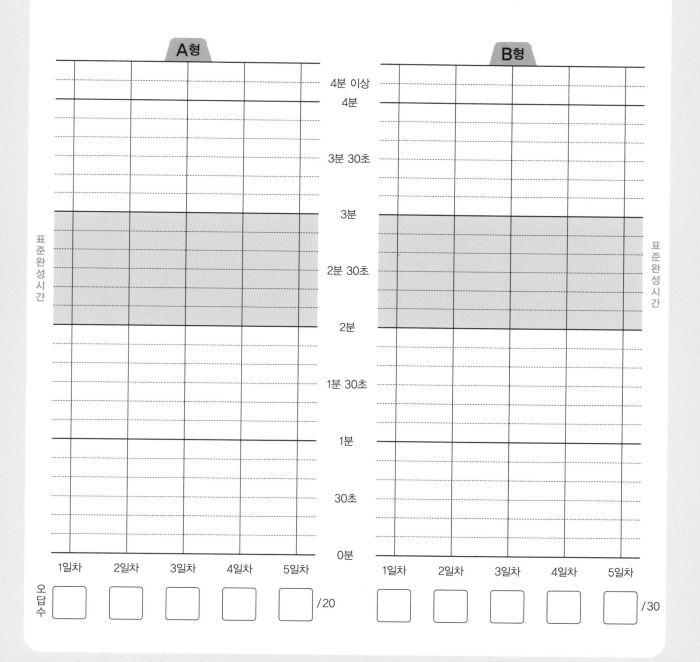

● **(두 자리 수)+(한 자리 수)**

받아올림이 없는 (두 자리 수)+(한 자리 수), 받아올림이 있는 (두 자리 수)+(한 자리 수)의 계산을 총정리해 봅니다.

보기

● **(두 자리 수)-(한 자리 수)**

받아내림이 없는 (두 자리 수)-(한 자리 수), 받아내림이 있는 (두 자리 수)-(한 자리 수)의 계산을 총정리해 봅니다.

보기

● 표준완성시간 : 2~3분

날짜	월	일
시간	분	초
오답 수	/	20

A형

★ 계산을 하시오.

①
```
  8 5
+   8
```

②
```
  9 1
-   7
```

③
```
  2 7
+   2
```

④
```
  3 0
-   3
```

⑤
```
  1 6
+   6
```

⑥
```
  6 6
-   6
```

⑦
```
  5 1
+   9
```

⑧
```
  7 4
-   5
```

⑨
```
  4 4
+   7
```

⑩
```
  5 7
-   8
```

⑪
```
    9
+ 6 6
```

⑫
```
  3 6
-   9
```

⑬
```
    3
+ 7 8
```

⑭
```
  1 5
-   3
```

⑮
```
    7
+ 9 7
```

⑯
```
  4 0
-   8
```

⑰
```
    3
+ 3 4
```

⑱
```
  8 2
-   9
```

⑲
```
    9
+ 2 8
```

⑳
```
  5 1
-   3
```

B형

(두 자리 수)±(한 자리 수) ②

★ 계산을 하시오.

① $33 + 7 =$

② $42 - 4 =$

③ $53 + 3 =$

④ $21 - 5 =$

⑤ $47 + 8 =$

⑥ $85 - 7 =$

⑦ $99 + 7 =$

⑧ $98 - 5 =$

⑨ $74 + 8 =$

⑩ $63 - 6 =$

⑪ $3 + 19 =$

⑫ $57 - 2 =$

⑬ $2 + 99 =$

⑭ $73 - 8 =$

⑮ $6 + 65 =$

⑯ $20 - 1 =$

⑰ $1 + 44 =$

⑱ $45 - 6 =$

⑲ $6 + 87 =$

⑳ $31 - 6 =$

㉑ $69 + 4 =$

㉒ $80 - 6 =$

㉓ $52 + 8 =$

㉔ $23 - 4 =$

㉕ $95 + 3 =$

㉖ $32 - 3 =$

㉗ $4 + 46 =$

㉘ $94 - 6 =$

㉙ $8 + 36 =$

㉚ $79 - 1 =$

(두 자리 수)±(한 자리 수) ②

★ 계산을 하시오.

①
```
    9 8
+     8
```

②
```
    8 4
-     8
```

③
```
    7 5
+     9
```

④
```
    2 9
-     3
```

⑤
```
    4 8
+     3
```

⑥
```
    5 2
-     5
```

⑦
```
    7 1
+     7
```

⑧
```
    4 0
-     5
```

⑨
```
    3 6
+     4
```

⑩
```
    6 8
-     9
```

⑪
```
      9
+   8 8
```

⑫
```
    2 4
-     7
```

⑬
```
      7
+   4 6
```

⑭
```
    7 3
-     4
```

⑮
```
      2
+   5 2
```

⑯
```
    3 7
-     9
```

⑰
```
      9
+   6 1
```

⑱
```
    4 7
-     6
```

⑲
```
      8
+   7 7
```

⑳
```
    9 1
-     4
```

●표준완성시간 : 2~3분

날짜	월	일
시간	분	초
오답 수	/ 30	

(두 자리 수)±(한 자리 수) ②

★ 계산을 하시오.

① $77 + 9 =$

② $34 - 4 =$

③ $59 + 5 =$

④ $22 - 8 =$

⑤ $87 + 4 =$

⑥ $61 - 8 =$

⑦ $48 + 9 =$

⑧ $50 - 4 =$

⑨ $15 + 2 =$

⑩ $96 - 8 =$

⑪ $6 + 18 =$

⑫ $66 - 9 =$

⑬ $3 + 60 =$

⑭ $70 - 9 =$

⑮ $8 + 42 =$

⑯ $81 - 2 =$

⑰ $7 + 25 =$

⑱ $38 - 1 =$

⑲ $5 + 57 =$

⑳ $95 - 9 =$

㉑ $85 + 5 =$

㉒ $32 - 7 =$

㉓ $99 + 3 =$

㉔ $86 - 2 =$

㉕ $25 + 6 =$

㉖ $60 - 2 =$

㉗ $8 + 55 =$

㉘ $45 - 7 =$

㉙ $1 + 68 =$

㉚ $73 - 7 =$

★ 계산을 하시오.

①
```
  6 5
+   1
```

②
```
  3 4
-   7
```

③
```
  2 8
+   4
```

④
```
  4 3
-   9
```

⑤
```
  7 2
+   8
```

⑥
```
  6 2
-   6
```

⑦
```
  5 6
+   5
```

⑧
```
  7 8
-   3
```

⑨
```
  8 9
+   5
```

⑩
```
  9 0
-   7
```

⑪
```
    9
+ 2 3
```

⑫
```
  5 2
-   7
```

⑬
```
    7
+ 1 8
```

⑭
```
  7 0
-   1
```

⑮
```
    4
+ 3 5
```

⑯
```
  8 3
-   2
```

⑰
```
    6
+ 9 8
```

⑱
```
  3 5
-   8
```

⑲
```
    4
+ 6 6
```

⑳
```
  4 1
-   9
```

(두 자리 수)±(한 자리 수) ②

★ 계산을 하시오.

① 37 + 3 =

② 44 − 9 =

③ 96 + 6 =

④ 75 − 6 =

⑤ 81 + 1 =

⑥ 63 − 5 =

⑦ 54 + 7 =

⑧ 91 − 5 =

⑨ 27 + 6 =

⑩ 26 − 3 =

⑪ 9 + 22 =

⑫ 41 − 3 =

⑬ 5 + 78 =

⑭ 60 − 3 =

⑮ 6 + 39 =

⑯ 92 − 2 =

⑰ 5 + 95 =

⑱ 72 − 4 =

⑲ 4 + 64 =

⑳ 56 − 7 =

㉑ 45 + 7 =

㉒ 33 − 8 =

㉓ 63 + 2 =

㉔ 20 − 5 =

㉕ 62 + 9 =

㉖ 49 − 7 =

㉗ 9 + 57 =

㉘ 87 − 8 =

㉙ 4 + 99 =

㉚ 51 − 7 =

(두 자리 수)±(한 자리 수) ②

★ 계산을 하시오.

①
```
    3 7
+     4
```

②
```
    8 0
-     4
```

③
```
    5 3
+     9
```

④
```
    4 8
-     2
```

⑤
```
    1 8
+     8
```

⑥
```
    5 3
-     5
```

⑦
```
    8 6
+     3
```

⑧
```
    2 4
-     9
```

⑨
```
    7 9
+     1
```

⑩
```
    6 1
-     9
```

⑪
```
      3
+   1 7
```

⑫
```
    4 2
-     3
```

⑬
```
      7
+   6 5
```

⑭
```
    9 7
-     5
```

⑮
```
      6
+   3 7
```

⑯
```
    6 4
-     8
```

⑰
```
      2
+   7 4
```

⑱
```
    8 3
-     4
```

⑲
```
      9
+   2 9
```

⑳
```
    2 0
-     9
```

(두 자리 수)±(한 자리 수) ②

★ 계산을 하시오.

① $82 + 3 =$

② $54 - 6 =$

③ $95 + 6 =$

④ $70 - 8 =$

⑤ $38 + 6 =$

⑥ $28 - 4 =$

⑦ $46 + 9 =$

⑧ $81 - 6 =$

⑨ $58 + 4 =$

⑩ $62 - 5 =$

⑪ $6 + 32 =$

⑫ $76 - 7 =$

⑬ $8 + 49 =$

⑭ $30 - 7 =$

⑮ $8 + 97 =$

⑯ $21 - 4 =$

⑰ $6 + 84 =$

⑱ $52 - 6 =$

⑲ $4 + 19 =$

⑳ $69 - 8 =$

㉑ $88 + 5 =$

㉒ $18 - 8 =$

㉓ $65 + 9 =$

㉔ $92 - 8 =$

㉕ $53 + 8 =$

㉖ $71 - 2 =$

㉗ $1 + 26 =$

㉘ $46 - 8 =$

㉙ $8 + 92 =$

㉚ $55 - 8 =$

5일차

(두 자리 수)±(한 자리 수) ②

● 표준완성시간 : 2~3분

날짜	월	일
시간	분	초
오답 수		/ 20

★ 계산을 하시오.

①
```
   3 1
 +   9
```

②
```
   9 5
 -   8
```

③
```
   7 9
 +   6
```

④
```
   6 4
 -   5
```

⑤
```
   2 0
 +   4
```

⑥
```
   8 7
 -   1
```

⑦
```
   5 9
 +   9
```

⑧
```
   4 6
 -   7
```

⑨
```
   8 5
 +   7
```

⑩
```
   5 8
 -   9
```

⑪
```
     7
 + 4 7
```

⑫
```
   8 6
 -   9
```

⑬
```
     7
 + 9 5
```

⑭
```
   6 9
 -   5
```

⑮
```
     9
 + 7 8
```

⑯
```
   7 0
 -   2
```

⑰
```
     4
 + 4 3
```

⑱
```
   5 4
 -   8
```

⑲
```
     6
 + 3 6
```

⑳
```
   2 2
 -   9
```

(두 자리 수)±(한 자리 수) ②

★ 계산을 하시오.

① $65 + 5 =$

② $82 - 6 =$

③ $73 + 9 =$

④ $76 - 4 =$

⑤ $29 + 4 =$

⑥ $90 - 1 =$

⑦ $54 + 2 =$

⑧ $65 - 7 =$

⑨ $79 + 2 =$

⑩ $31 - 4 =$

⑪ $7 + 19 =$

⑫ $50 - 6 =$

⑬ $5 + 48 =$

⑭ $99 - 2 =$

⑮ $3 + 66 =$

⑯ $77 - 9 =$

⑰ $7 + 83 =$

⑱ $33 - 9 =$

⑲ $4 + 98 =$

⑳ $21 - 9 =$

㉑ $47 + 1 =$

㉒ $90 - 7 =$

㉓ $67 + 7 =$

㉔ $25 - 9 =$

㉕ $98 + 5 =$

㉖ $41 - 8 =$

㉗ $6 + 88 =$

㉘ $85 - 4 =$

㉙ $8 + 33 =$

㉚ $53 - 7 =$

세 수의 덧셈과 뺄셈 ②

● 결과 기록지

① 1~5일차 학습에 걸린 시간을 각각 재서 그래프에 점을 찍습니다.
② 점과 점을 연결하여 기록의 변화를 확인합니다.
③ 오답 수를 세어 오답 수 칸에 씁니다.

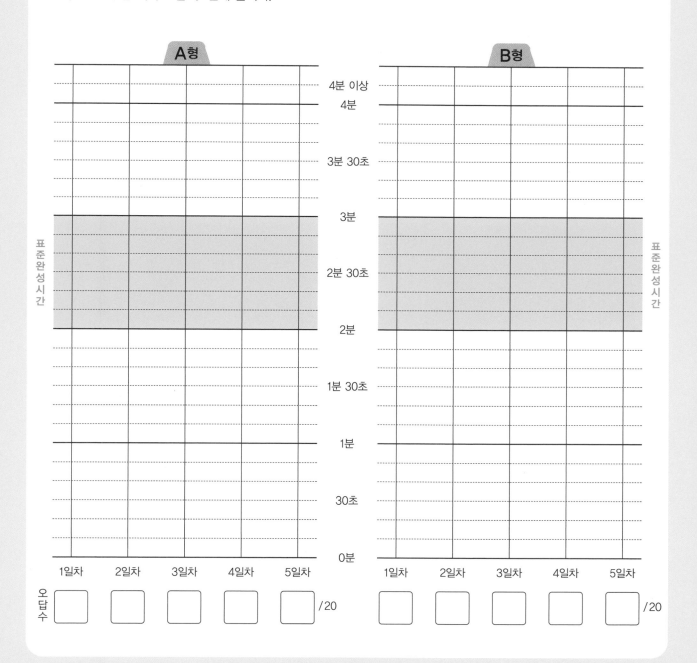

세 수의 덧셈과 뺄셈 ②

● **세 수의 덧셈, 세 수의 뺄셈**

세 수의 덧셈과 세 수의 뺄셈은 앞에서부터 두 수씩 차례로 계산합니다.

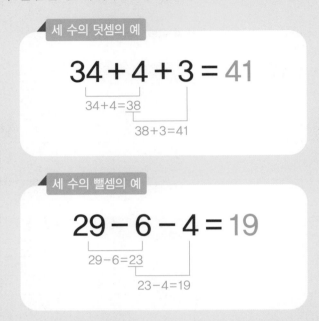

세 수의 덧셈의 예

$$34 + 4 + 3 = 41$$

$34+4=38$

$38+3=41$

세 수의 뺄셈의 예

$$29 - 6 - 4 = 19$$

$29-6=23$

$23-4=19$

단, 더하고 더하는 세 수의 덧셈은 순서를 바꾸어 더해도 결과는 같습니다.

● **세 수의 덧셈과 뺄셈**

덧셈과 뺄셈이 섞여 있는 세 수의 덧셈과 뺄셈은 '+', '−'에 주의하여 앞에서부터 두 수씩 차
례로 계산합니다.

보기

$$35 + 7 - 5 = 37$$

$35+7=42$

$42-5=37$

$$15 - 6 + 9 = 18$$

$15-6=9$

$9+9=18$

세 수의 덧셈과 뺄셈 ②

★ 계산을 하시오.

① $21 + 3 + 3 =$

② $64 + 2 + 8 =$

③ $35 + 7 + 1 =$

④ $48 + 8 + 4 =$

⑤ $92 + 3 + 3 =$

⑥ $30 + 9 + 2 =$

⑦ $89 + 6 + 4 =$

⑧ $15 + 8 + 9 =$

⑨ $71 + 1 + 4 =$

⑩ $54 + 7 + 4 =$

⑪ $68 - 1 - 4 =$

⑫ $29 - 7 - 5 =$

⑬ $73 - 5 - 3 =$

⑭ $51 - 6 - 6 =$

⑮ $37 - 3 - 4 =$

⑯ $89 - 9 - 8 =$

⑰ $64 - 6 - 7 =$

⑱ $42 - 8 - 9 =$

⑲ $98 - 2 - 8 =$

⑳ $16 - 3 - 2 =$

● 표준완성시간 : 2~3분

B형

날짜	월 일
시간	분 초
오답 수	/ 20

세 수의 덧셈과 뺄셈 ②

★ 계산을 하시오.

① $53+6-8=$

② $20+1-7=$

③ $17+8-5=$

④ $85+5-4=$

⑤ $41+7-6=$

⑥ $63+4-9=$

⑦ $29+3-1=$

⑧ $35+6-2=$

⑨ $74+2-3=$

⑩ $67+9-1=$

⑪ $17-5+6=$

⑫ $58-3+9=$

⑬ $91-9+5=$

⑭ $40-8+9=$

⑮ $38-4+3=$

⑯ $87-4+7=$

⑰ $72-7+1=$

⑱ $36-9+6=$

⑲ $69-1+9=$

⑳ $25-7+3=$

세 수의 덧셈과 뺄셈 ②

★ 계산을 하시오.

① 12 + 5 + 2 =

② 94 + 1 + 5 =

③ 86 + 5 + 7 =

④ 58 + 9 + 8 =

⑤ 71 + 2 + 3 =

⑥ 23 + 6 + 9 =

⑦ 62 + 8 + 1 =

⑧ 37 + 6 + 7 =

⑨ 41 + 4 + 2 =

⑩ 79 + 3 + 9 =

⑪ 35 − 1 − 2 =

⑫ 12 − 2 − 1 =

⑬ 81 − 8 − 3 =

⑭ 93 − 9 − 8 =

⑮ 49 − 3 − 1 =

⑯ 66 − 5 − 9 =

⑰ 97 − 8 − 5 =

⑱ 23 − 8 − 7 =

⑲ 72 − 4 − 4 =

⑳ 59 − 1 − 8 =

날짜	월	일
시간	분	초
오답 수	/ 20	

B형

세 수의 덧셈과 뺄셈 ②

★ 계산을 하시오.

① $83 + 2 - 1 =$

② $22 + 1 - 6 =$

③ $37 + 7 - 3 =$

④ $71 + 9 - 5 =$

⑤ $92 + 7 - 9 =$

⑥ $13 + 3 - 7 =$

⑦ $59 + 2 - 8 =$

⑧ $65 + 8 - 4 =$

⑨ $40 + 4 - 6 =$

⑩ $84 + 8 - 5 =$

⑪ $44 - 1 + 5 =$

⑫ $97 - 1 + 8 =$

⑬ $10 - 9 + 3 =$

⑭ $21 - 5 + 5 =$

⑮ $83 - 2 + 5 =$

⑯ $69 - 5 + 6 =$

⑰ $70 - 2 + 1 =$

⑱ $72 - 9 + 8 =$

⑲ $52 - 6 + 1 =$

⑳ $38 - 7 + 4 =$

세 수의 덧셈과 뺄셈 ②

★ 계산을 하시오.

① $43 + 1 + 4 =$

② $71 + 5 + 9 =$

③ $84 + 9 + 4 =$

④ $19 + 5 + 8 =$

⑤ $90 + 2 + 6 =$

⑥ $38 + 1 + 7 =$

⑦ $57 + 3 + 3 =$

⑧ $47 + 7 + 6 =$

⑨ $61 + 8 + 4 =$

⑩ $25 + 6 + 6 =$

⑪ $59 - 4 - 3 =$

⑫ $28 - 6 - 7 =$

⑬ $90 - 5 - 4 =$

⑭ $84 - 7 - 9 =$

⑮ $47 - 2 - 5 =$

⑯ $74 - 3 - 2 =$

⑰ $88 - 9 - 6 =$

⑱ $23 - 7 - 9 =$

⑲ $32 - 6 - 2 =$

⑳ $65 - 9 - 8 =$

날짜	월	일
시간	분	초
오답 수	/ 20	

B형

세 수의 덧셈과 뺄셈 ②

★ 계산을 하시오.

① $15 + 3 - 2 =$

② $81 + 6 - 9 =$

③ $56 + 9 - 3 =$

④ $38 + 2 - 7 =$

⑤ $64 + 5 - 6 =$

⑥ $50 + 2 - 4 =$

⑦ $73 + 8 - 1 =$

⑧ $18 + 6 - 7 =$

⑨ $27 + 2 - 5 =$

⑩ $49 + 8 - 2 =$

⑪ $97 - 7 + 8 =$

⑫ $19 - 2 + 5 =$

⑬ $33 - 7 + 3 =$

⑭ $50 - 6 + 7 =$

⑮ $87 - 6 + 2 =$

⑯ $68 - 2 + 9 =$

⑰ $55 - 8 + 1 =$

⑱ $24 - 5 + 4 =$

⑲ $79 - 4 + 7 =$

⑳ $41 - 4 + 3 =$

세 수의 덧셈과 뺄셈 ②

★ 계산을 하시오.

① $86 + 3 + 1 =$

② $57 + 9 + 2 =$

③ $13 + 2 + 1 =$

④ $33 + 5 + 4 =$

⑤ $68 + 7 + 9 =$

⑥ $90 + 6 + 7 =$

⑦ $52 + 2 + 5 =$

⑧ $26 + 6 + 7 =$

⑨ $48 + 3 + 9 =$

⑩ $79 + 8 + 5 =$

⑪ $25 - 8 - 7 =$

⑫ $42 - 9 - 6 =$

⑬ $68 - 5 - 1 =$

⑭ $41 - 1 - 2 =$

⑮ $13 - 4 - 8 =$

⑯ $57 - 6 - 5 =$

⑰ $85 - 9 - 7 =$

⑱ $96 - 4 - 1 =$

⑲ $70 - 6 - 2 =$

⑳ $36 - 6 - 3 =$

날짜	월	일
시간	분	초
오답 수	/ 20	

B형

세 수의 덧셈과 뺄셈 ②

★ 계산을 하시오.

① $64 + 4 - 9 =$

② $48 + 5 - 1 =$

③ $25 + 7 - 8 =$

④ $81 + 4 - 2 =$

⑤ $69 + 6 - 4 =$

⑥ $53 + 1 - 5 =$

⑦ $12 + 8 - 3 =$

⑧ $96 + 3 - 7 =$

⑨ $38 + 8 - 5 =$

⑩ $77 + 4 - 6 =$

⑪ $60 - 4 + 7 =$

⑫ $19 - 1 + 4 =$

⑬ $34 - 3 + 1 =$

⑭ $95 - 9 + 2 =$

⑮ $28 - 1 + 9 =$

⑯ $82 - 3 + 1 =$

⑰ $72 - 2 + 9 =$

⑱ $51 - 7 + 2 =$

⑲ $73 - 8 + 6 =$

⑳ $46 - 2 + 9 =$

● 표준완성시간 : 2~3분

날짜	월	일
시간	분	초
오답 수	/ 20	

★ 계산을 하시오.

① $38 + 5 + 8 =$

② $52 + 4 + 2 =$

③ $87 + 4 + 2 =$

④ $63 + 9 + 3 =$

⑤ $27 + 1 + 7 =$

⑥ $49 + 9 + 6 =$

⑦ $78 + 2 + 7 =$

⑧ $96 + 1 + 5 =$

⑨ $60 + 5 + 4 =$

⑩ $19 + 7 + 7 =$

⑪ $45 - 2 - 8 =$

⑫ $87 - 1 - 2 =$

⑬ $20 - 9 - 4 =$

⑭ $91 - 3 - 5 =$

⑮ $50 - 7 - 9 =$

⑯ $76 - 4 - 3 =$

⑰ $94 - 5 - 7 =$

⑱ $64 - 1 - 3 =$

⑲ $39 - 2 - 6 =$

⑳ $71 - 7 - 8 =$

●표준완성시간 : 2~3분

날짜	월	일
시간	분	초
오답 수		/ 20

세 수의 덧셈과 뺄셈 ②

★ 계산을 하시오.

① $42 + 9 - 3 =$

② $84 + 1 - 6 =$

③ $39 + 5 - 4 =$

④ $90 + 3 - 5 =$

⑤ $65 + 2 - 3 =$

⑥ $16 + 6 - 9 =$

⑦ $81 + 8 - 6 =$

⑧ $76 + 4 - 1 =$

⑨ $22 + 2 - 5 =$

⑩ $54 + 9 - 7 =$

⑪ $78 - 8 + 6 =$

⑫ $50 - 5 + 3 =$

⑬ $95 - 3 + 8 =$

⑭ $14 - 6 + 8 =$

⑮ $29 - 2 + 7 =$

⑯ $86 - 3 + 4 =$

⑰ $66 - 7 + 8 =$

⑱ $41 - 8 + 6 =$

⑲ $35 - 6 + 2 =$

⑳ $98 - 5 + 3 =$

종료테스트

20문항 / 표준완성시간 2~3분

실시 방법

❶ 먼저, 이름, 실시 연월일을 씁니다.

❷ 스톱워치를 켜서 시간을 정확히 재면서 문제를 풀고, 문제를 다 푸는 데 걸린 시간을 씁니다.

❸ 가능하면 표준완성시간 내에 풉니다.

❹ 다 풀고 난 후 채점을 하고, 오답 수를 기록합니다.

❺ 마지막 장에 있는 종료테스트 학습능력평가표에 V표시를 하면서 학생의 전반적인 학습 상태를 점검합니다.

이름	
실시 연월일	년 월 일
걸린 시간	분 초
오답 수	/ 20

★ 계산을 하시오.

① $4 + 6 + 5 =$

② $17 - 7 - 2 =$

③ $7 + 9 =$

④ $6 + 5 =$

⑤ $14 - 6 =$

⑥ $18 - 9 =$

⑦ $9 + 8 =$

⑧ $13 - 5 =$

⑨
$$\begin{array}{r} 6\ 5 \\ +\quad 7 \\ \hline \end{array}$$

⑩
$$\begin{array}{r} 9\ 0 \\ -\quad 3 \\ \hline \end{array}$$

⑪
$$\begin{array}{r} 4\ 6 \\ +\quad 8 \\ \hline \end{array}$$

⑫
$$\begin{array}{r} 2\ 5 \\ -\quad 8 \\ \hline \end{array}$$

⑬
$$\begin{array}{r} 8\ 6 \\ -\quad 9 \\ \hline \end{array}$$

⑭ $9 + 36 =$

⑮ $40 - 8 =$

⑯ $57 + 6 =$

⑰ $71 - 7 =$

⑱ $62 - 6 =$

⑲ $67 + 4 - 5 =$

⑳ $37 - 8 + 9 =$

≫ 2권 종료테스트 정답

① 15	② 8	③ 16	④ 11	⑤ 8
⑥ 9	⑦ 17	⑧ 8	⑨ 72	⑩ 87
⑪ 54	⑫ 17	⑬ 77	⑭ 45	⑮ 32
⑯ 63	⑰ 64	⑱ 56	⑲ 66	⑳ 38

≫ 종료테스트 학습능력평가표

2권은?

학습 방법	☐ 매일매일	☐ 가끔	☐ 한꺼번에	–하였습니다.
학습 태도	☐ 스스로 잘	☐ 시켜서 억지로		–하였습니다.
학습 흥미	☐ 재미있게	☐ 싫증내며		–하였습니다.
교재 내용	☐ 적합하다고	☐ 어렵다고	☐ 쉽다고	–하였습니다.

평가	☐ A등급(매우 잘함)	☐ B등급(잘함)	☐ C등급(보통)	☐ D등급(부족함)
오답 수	0~2	3~4	5~6	7~

평가 기준

• A, B등급 : 다음 교재를 바로 시작하세요.
• C등급 : 틀린 부분을 다시 한번 더 공부한 후, 다음 교재를 시작하세요.
• D등급 : 본 교재를 다시 복습한 후, 다음 교재를 시작하세요.